埋弧焊 X 射线焊缝图像缺陷检测算法研究

高炜欣　著

科 学 出 版 社
北 京

内 容 简 介

本书是有关 X 射线焊缝图像缺陷检测和识别算法方面的专著。书中分析 X 射线焊缝图像的特点，通过实验对比给出适合于 X 射线焊缝图像的增强及分割方法。在此基础上，本书提出疑似缺陷区域（suspected defect region, SDR）的概念，并以 SDR 为对象，对热点研究算法——神经网络、支持向量机和深度学习等在 X 射线焊缝图像缺陷识别中的应用进行重点研究。书中所涉及的算例图像超过 500 张，所有图像均采集自螺旋埋弧焊钢管生产现场。本书内容注重实际应用，兼顾理论，通过大量实验对各种智能算法的识别效果进行验证，书中介绍的算法均进行了混淆矩阵实验。

本书可作为自动化控制、无损检测、机械电子工程等相关专业的教师、科研人员、研究生和高年级本科生的参考书，也可供从事射线检测相关工作的工程技术人员阅读。

图书在版编目（CIP）数据

埋弧焊 X 射线焊缝图像缺陷检测算法研究 / 高炜欣著. —北京：科学出版社，2019.6

ISBN 978-7-03-061380-6

Ⅰ. ①埋… Ⅱ. ①高… Ⅲ. ①埋弧焊－焊缝－缺陷检测－计算机算法－研究 Ⅳ. ①TG445-39

中国版本图书馆 CIP 数据核字（2019）第 104943 号

责任编辑：宋无汗 / 责任校对：郭瑞芝
责任印制：张 伟 / 封面设计：陈 敬

科 学 出 版 社 出版
北京东黄城根北街 16 号
邮政编码：100717
http://www.sciencep.com

北京凌奇印刷有限责任公司 印刷

科学出版社发行 各地新华书店经销

*

2019 年 6 月第 一 版 开本：720×1000 B5
2019 年 6 月第一次印刷 印张：11 1/2
字数：232 000

POD定价： 90.00元

前　　言

本书以螺旋埋弧焊 X 射线焊缝图像缺陷检测为研究对象，旨在向读者介绍各种新型智能算法在 X 射线焊缝图像缺陷检测中的应用。全书共 10 章，第 1～4 章介绍 X 射线焊缝图像缺陷识别的基础和传统的分割识别方法，第 5～7 章介绍基于支持向量机（support vector machine, SVM）、模糊模式识别及稀疏描述的缺陷识别，第 8～10 章介绍神经网络，直接区分线形缺陷、圆形缺陷和噪声的识别算法。书中内容为作者近年来对 X 射线焊缝图像缺陷检测的研究成果。

第 1 章在介绍 X 射线焊缝图像缺陷检测的概念和特点的基础上，根据射线图像增强、分割、识别的技术路线对已有研究成果进行较为系统的分类总结，并对在识别中涉及的缺陷几何特征及纹理特征进行总结。另外，还对 X 射线焊缝图像缺陷检测技术的发展趋势及现有技术的识别准确度进行介绍。

第 2 章在介绍 X 射线检测原理和成像的基础上，详细介绍焊缝缺陷的分类和分级。从数学的角度，介绍典型缺陷特征的计算和疑似缺陷区域（suspected defect region，SDR）的概念。根据 SDR 统计缺陷和噪声的几何特征值，通过几何特征值的对比，说明仅仅依靠几何特征值无法完成缺陷和噪声的区分。

第 3 章详细介绍图像滤波、图像增强和图像分割的方法。根据 X 射线焊缝图像的特征，确定适合 X 射线焊缝图像的处理方法，给出具体的感兴趣区域（region of interest，ROI）提取算法。

第 4 章介绍形态学图像处理原理和传统的图像分割方法，针对 X 射线焊缝图像，提出有效的缺陷分割方法。在此基础上，根据计算的特征值给出新的缺陷模型。

第 5 章介绍支持向量机和主成分分析（principal component analysis，PCA）的基本原理，提出基于 PCA 的特征值处理。在此基础上介绍基于 SVM 的缺陷识别方法。

第 6 章在介绍模糊识别原理的基础上，将模糊数学与 C 均值聚类和 SVM 结合用于缺陷分类识别。为提高计算效率，提出在缺陷识别中引入并行计算。

第 7 章介绍基于稀疏描述的基本原理，给出一种基于稀疏描述的缺陷识别方法，使得识别依赖一组系数而非某一个参数，不仅准确度更高，而且大大增强了缺陷识别的鲁棒性。

第 8 章介绍应用广泛的反向传播（back propagation，BP）神经网络原理，构建基于缺陷几何特征值的缺陷检测 BP 神经网络，通过大量实验验证 BP 神经网络用于缺陷检测的效果。

第 9 章在区分缺陷和噪声的基础上，介绍线形缺陷和圆形缺陷图像特征值的特点，给出基于 PCA 技术的图像降维算法，并将降维后的数据用于区分线形缺陷和圆形缺陷。

第 10 章介绍深度学习和卷积神经网络的概念，将其应用于 SDR 图像识别中，并分析激活函数的选择、卷积模板的选择等问题。通过实验验证，将卷积神经网络用于直接区分线形缺陷、圆形缺陷和噪声 SDR 的效果。

本书由西安石油大学优秀学术著作出版基金和陕西省教育厅省级重点实验室科研计划项目（14JS079）资助出版。

由于作者水平有限，书中不妥之处在所难免，恳请读者批评指正。

目　　录

第1章　绪　　论

1.1　焊缝缺陷检测的概念

焊接作为连接构件的加工工艺，广泛应用于航空航天工业、机械制造工业、核工业、石油化工、建筑、能源、运输以及电子电器行业中，在现代制造业中有着不可替代的作用。

埋弧焊由于具有生产效率高、焊缝质量好、无弧光、烟尘小等优点，广泛应用于船舶、桥梁、石油化工、机械制造、运输管道、核工业设备等领域。对于焊接的工件而言，焊件的使用寿命在很大程度上取决于焊缝的质量。在焊接工艺中，由于焊接技术、环境因素、焊接应力以及焊件变形的影响，可能会产生裂纹、气孔、未熔合、未焊透、夹渣、咬边、烧穿等缺陷，这些缺陷造成了焊接质量的差距，直接影响焊件的使用寿命和各方面的性能，严重时有可能威胁到财产或人身安全。

而且焊接结构在服役或超服役过程中常会经受高温、高压、腐蚀的环境，含有焊接缺陷的工件在承受疲劳、冲击及辐射等工况条件下，会引发结构使用性能恶化，产生开裂，给生产生活带来安全隐患。例如，1979年，吉林市煤气公司石油液化气储罐破裂，喷出大量的可燃气体，遇明火引起爆炸起火，损失达627万元，属于重大灾难事故。因此，焊接的质量很大程度地决定了设备质量的优劣和使用的安全性。为了保证焊接构件的产品质量，必须对其中的焊接缺陷进行检测和评价，对于石油化工和一些重要构件的生产制造，焊接缺陷检测的意义就显得十分重大。

从位置区分，焊缝的缺陷可以分为内部缺陷和外部缺陷两种，通常用目测的方法检测外部缺陷，而无损检测（non-destructive testing，NDT）用于检测工件的内部缺陷。无损检测是一种不破坏受检对象而分析其内部异常和缺陷的方法，通过缺陷所引起的热、声、光、电、磁和振动反应的变化确定缺陷的存在，评价缺陷的特征和危害程度。目前，有近50种方法被列入无损检测的范畴，但“常规无损检测方法”只包括以下5种：射线检测（radiological testing，RT）法、超声波检测（ultrasonic testing，UT）法、磁粉检测（magnetic particle testing，MT）法、渗透检测（osmotic testing，OT）法、涡流检测（eddy current testing，ET）法。

1. 射线检测法

射线检测法是利用射线（X射线、γ射线等）穿过物体过程中具有一定的衰减规律，根据通过工件各部位衰减后的射线强度检测工件内部缺陷的一种方法。穿过不同物体，射线衰减的程度不同，衰减的程度由材料品种、物体的厚度以及射线的种类等决定。射线检测作为一种检测物体内部缺陷的重要手段，具有很多独特的特点，主要有以下几点。

（1）能够准确地确定缺陷的性质、大小、位置及取向。

（2）适宜检测出射线透照方向具有一定深度的缺陷。

（3）检测灵敏度高，一般为 1%～2%。

（4）底片可以永久保存，而且直观方便。

（5）无需耦合剂，适用于多种材料，而且不污染工件。

射线检测法所用设备比较复杂，成本较高，只有用与裂纹方向平行的 X 射线照射时才能检查出来；用与裂纹面几乎垂直的射线照射时，则很难检查出，而且还要注意对射线的防护。

2. 超声波检测法

超声波检测法利用压电换能器（一种将电磁振荡转变为机械振动的换能器）在被检测材料的表面激发声脉冲信号，该信号在导入材料后被缺陷反射回换能器。通过测定信号返回时间的间隔确定缺陷部位，测量换能器位置与回波信号幅度可知材料制件表面（或内部）缺陷的尺寸与部位。

由于超声波检测具有成本低、应用范围广的特点，近年来在国内外得到普遍重视和迅速发展。但其对缺陷的定量和定性分析尚存在一定的困难，在近表面存在死区等缺点。

3. 磁粉检测法

磁粉检测法是利用铁磁性材料在磁场中被磁化后，在制品或材料的不连续处（缺陷处）发生磁场畸变，磁通泄漏处材料表面产生漏磁场，从而吸引磁粉形成磁痕，在适当光照条件下显示缺陷。因此，此法只能应用于铁磁性制品或材料的表面和近表面缺陷检测。

磁粉检测法具有直观显示缺陷、灵敏度高、检测速度快且成本低廉等优点，因而应用较多。但磁粉检测法不能用来检测工件内部的缺陷，因为磁力线虽然在缺陷处会发生畸变，却不会溢出工件的表面，不能形成漏磁场，缺陷检测不出来，因此具有局限性。

4. 渗透检测法

渗透检测法是一种基于毛细现象，检查表面开口缺陷的无损检测方法。它包括荧光、着色两种方法。荧光检测的原理是将被检对象浸入荧光液中，因毛细管现象，缺陷内吸满了荧光液，去除表面液体时，由于光致效应，荧光液在紫外线的照射下发出可见光，显示出缺陷。着色法是将着色剂涂于材料表面，着色剂渗入受损部位，放置一段时间后冲洗材料表面的着色剂，然后涂抹显影剂，通过观察着色剂的渗入情况，了解缺陷位置。

渗透检测法由于缺陷易被观察到，肉眼就可以确定迹象的位置，并且设备简单，易于操作，因此得到广泛应用。

5. 涡流检测法

涡流检测法的原理是利用通有射频电流的线圈在被测材料的表面激发电流（涡流），当金属材料的表面存在缺陷时（如气孔、裂纹、夹渣），会阻碍电流通过，该处的比电阻则因缺陷的存在而增大，与其相关的涡电流则相应减小，通过测量涡流的变化量，可以获得试件材质、缺陷及其形状等信息。该方法具有以下几个特点。

（1）应用范围广，对影响感生涡流特性的各种工艺和物理因素均能实施检测。

（2）对导电材料表面和近表面缺陷检测的灵敏度较高。

（3）不需要耦合剂，易于实现棒、管和线材高速、高效的自动检测。

（4）在一定的条件下，能反映有关裂纹的深度信息。

（5）可用于薄壁管、高温、细线、零件内孔表面等其他检测方法不适用的场合。

在这五种方法中，由于X射线的穿透性等其他特性，使得X射线检测应用广泛，并成为常规无损检测的主要方法。一般的检测方式就是用胶片感光显影，通过对底片的研究分析，检测出缺陷的种类、大小和分布状况。随着成像技术的发展，越来越多的设备采用屏幕直接显影。

近十年来，随着现代科技的高速发展与计算机的广泛应用，焊缝缺陷分析与自动检测系统吸引了越来越多研究人员的注意。本书主要针对X射线焊缝图像的自动缺陷检测和分析问题展开讨论。

1.2 射线检测特点

射线检测技术中的射线包括X射线、γ射线、中子射线等多种射线检测技术。射线图像多采用胶片记录图像的方式，即强度均匀的射线照射被检测的物体，透过的射线在胶片上感光，将胶片显影后就可以得到与材料内部结构和缺陷相对应的黑度不同的射线底片，通过对这种底片的观察来检验缺陷的种类、大小和分布等状况。

目前，越来越多的X射线检测采用实时成像检测技术。该技术能够在成像物体迅速改变的过程中实时观测图像。早期的方式是利用荧光屏将射线转换成可见光，然后放大或转换成另一种视频信号显示在电视显示仪上，同时在录像带上记录。20世纪80年代，线阵列扫描系统利用X射线闪烁材料直接与二极管接触制作而成，将荧光屏的射线光强由光器件转为电信号，形成类似组成图像的像素点，再经过图像采集及控制系统输入计算机，生成精确的图像。射线实时成像系统的射线接收转换装置可以是图像增强器、成像面板或线性扫描器等射线敏感器件。

1.3 射线检测技术的分类及发展

按照美国材料与试验学会标准——ASTM E1136-2012 的定义，射线检测技术可以分为：①射线照相检测技术；②射线实时成像检测技术；③射线层析检测技术；④其他射线检测技术。

在上述四类射线检测技术中，射线照相检测技术和射线实时成像检测技术是国内应用最为广泛的两类技术。一般认为，传统的胶片显像技术在检测微小缺陷时，胶片质量优于实时成像检测图像，射线实时成像检测技术还不能完全取代射线照相检测技术。快速在线检测的实现以及图像增强器的研制成功，促进了实时成像在工业上的应用。射线照相检测技术的优点是图像质量、空间分辨力和清晰度高，适用材料广泛；缺点是检测周期长、效率低、胶片不易保存。

射线实时成像检测技术的优点是不污染环境，检测速度快，存储、调用、传送方便；缺点是设备一次性投资大，显示器视域有局限，图像有时会扭曲失真。但随着计算机技术的发展，实时成像检测技术的清晰度越来越高，并由模拟信号向数字信号转变。射线实时成像检测技术的应用可以分为三个方面：医疗方面、安全方面和工业检测方面。最新的射线成像系统利用平板探测器将射线转换成数字图像用于工业探伤。平板探测器以其良好的性能在德国、日本、美国等国家大量应用。例如，德国 SERFEUT 公司和 YXLON 公司将这种数字实时成像系统运用在工业生产中，研发的全自动工业 X 射线检测系统可对铸件进行快速检测。

射线层析检测技术包括射线计算机断层扫描(computed tomography, CT)技术和康普顿散射成像检测技术两类。CT 技术从投影数据重建物体的图像，其在对待检测物体进行检测时，能够给出二维或者三维的图像，需要测量的目标不会受到周围细节特征的遮挡，所得到的图像容易识别。从图像上能直接获得缺陷的具体空间位置、形状及尺寸信息。但 CT 设备相对昂贵，操作也较实时成像系统复杂。康普顿散射成像检测技术采用散射成像，射线源与检测器位于物体的同一侧，一次扫描可得到三维图像，具有层析功能，一次可得到多个截面的图像。但由于采用散射线成像技术，因此康普顿散射成像技术主要适于低原子序数物质、近表面区较小厚度范围内缺陷的检测。

其他射线检测技术，如中子射线照相检测技术是常规X射线检测技术的补充，通常应用于一些特殊领域，如核工业装置及爆炸装置等检测中。但中子源价格昂贵难以获得，使用时中子的安全防护也需特别注意，这些都限制了中子射线照相检测技术在工业无损检测中的普及。

1.4 射线焊接缺陷检测技术的发展

从埋弧焊焊缝缺陷检测的已有研究来看，可以分为硬件研究和软件研究两个方面。其中，在计算机技术基础上，利用各种图像处理算法分割并识别缺陷的文献报道较多，是当前研究的热点。

在硬件研究方面，文献[1]和[2]着重介绍基于X射线的焊缝缺陷检测系统，但图像处理的方法在文献[1]和[2]的研究中涉及较少。文献[3]的研究思路别具一格，从硬件设计上考虑埋弧焊焊缝缺陷检测的问题，提出采用等离子光谱仪进行焊缝的缺陷诊断。文献[4]和[5]在对X射线焊缝缺陷检测算法所做的综述中，根据已有文献研究的侧重点不同，将已有的焊缝缺陷检测算法分为图像处理方法和模式识别方法两大类。但模式识别方法大都和图像处理方法的结果紧密相关。

从已有的研究来看，在基于X射线图像的焊缝缺陷检测中，图像处理方法始终是研究的热点。总的来说，基于X射线焊缝图像的检测算法大都是通过图像滤波、图像增强、图像分割和缺陷检测这四个步骤来完成缺陷的自动识别任务，也有学者将图像增强和图像分割部分合并处理。

1. 图像滤波

实际生产中的X射线焊缝图像的噪声多为分散性的白色或黑色的颗粒噪声。由于焊缝缺陷面积相对于焊缝较小，因此降噪处理需要能保存图像中的细微轮廓和边缘等有用信息。目前，常用的滤波算法有中值滤波和均值滤波[6]，中值滤波可以较好地去除随机噪声和脉冲噪声，同时保护图像边缘，在实际中应用较广。不过，均值滤波在X射线焊缝图像滤波中也有实际应用[7]。文献[8]对各种滤波算法进行了对比，研究表明，中值滤波无论是在视觉效果还是图像指标上都具有较大的优势。中值滤波在实际中也获得了广泛的应用，很多学者也对中值滤波所用模板做出改进[9]，在去除噪声时更好地保护焊缝图像的边缘信息。一些其他的滤波方法在灰度图像滤波处理中也得到了应用，如梯度倒数加权法[10]、形态学的方法[11]和鲁棒统计的方法[12]等。在X射线焊缝图像的处理中，也有学者对中值滤波的模板进行改进，如改为十字形[13]，采用5×5的滤波模板结合自适应特征提取[14]，以便更好地去除噪声和保存图像边界。

2. 图像增强

图像增强的作用是突出图像中的重要信息，同时减弱或者去除不需要的信息，改善图像的视觉效果。灰度直方图均衡化（gray histogram equalization，GHE）是一种有效的图像增强方法[15]，它通过扩大图像灰度直方图的动态范围，整体上提高图像的对比度[16]。GHE 几乎能改善所有图像的视觉效果，但如果图像具有很低的对比度，同时少数灰度值占据了灰度直方图的大部分比重时，GHE 就无法获得满意的增强效果，而 X 射线焊缝图像就属于这种仅仅采用 GHE 无法获得满意效果的图像。为了解决这一问题，很多学者也进行了大量研究。文献[17]提出亮度保持直方图均衡,文献[18]提出递归子图像保持直方图均衡，文献[19]提出具有最大熵的亮度保持直方图均衡，文献[20]提出具有亮度保持的多峰直方图均衡等方法。这些方法都是将原图像的灰度直方图分成若干个子灰度直方图，然后利用 GHE 分别均衡每一个灰度直方图。但是，如果图像的灰度直方图有一些较大的灰度级几乎包含了输入图像的全部信息时，用上述方法增强，对比度和视觉效果要么没有发生变化，要么被过度增强。而 X 射线焊缝图像的灰度直方图恰恰具有这样的特点：背景钢管和焊缝的灰度值在直方图中几乎涵盖了所有输入图像的信息。在已有的 X 射线焊缝图像处理文献报道中，多数文献未提及所使用的增强方法。在已有研究中，文献[13]提出全局增强结合局部增强的方法具有较好的效果。但从文献[13]的描述也可以看出，其增强效果在很大程度上依靠参数的选择。文献[14]采用自适应直方图均衡化的方法，也取得了较好的效果。孙忠诚等[21]提出一种能显著提高检测图像对比度的 S-T 非线性灰度变换法，并将该方法应用于 X 射线焊缝图像增强。该方法简单易行，且对焊缝中的缺陷增强效果较好。文献[22]采用中值滤波结合自定义的广义模糊算子实现图像增强，去除了灰度图像中的某些不确定性，比较实验表明该方法比传统的图像增强方法具有更佳的效果。

3. 图像分割与缺陷检测

图像分割是把图像分成各具特性的区域并提取出感兴趣的目标。所谓的特性可以是像素点的灰度、纹理等预先定义的目标。X 射线焊缝图像的分割是一个非常困难的问题，一方面是由于图像的对比度不高；另一方面是由于缺陷的面积相对很小。而且，由于检测效果和分割结果紧密相连，在很多情况下，缺陷的分割和检测往往难以严格地割裂成两个部分。

对于图像分割问题，很多学者提出了各种不同的分割方法。但对于 X 射线焊缝图像处理问题，几乎所有的研究都采用了阈值分割的方法，这主要是由于阈值分割计算时具有简单和快速的特点。当然，计算时采用的阈值可以是全局阈值或者局部阈值。全局阈值是为整幅图像确定一个阈值，当图像是不均匀照明时，全局阈值往往不能获得理想的分割结果，这种情况下，局部阈值的方法较全局阈值更为有效。

1）分割的研究

在对分割问题的研究中，文献[23]的研究具有重要的借鉴意义，文献[23]在中值滤波的基础上采用基于鲁棒技术的图像处理方法分割焊缝图像中的缺陷。其处理方法是首先对图像采用边缘检测，然后进行图像分割。文献[23]的贡献在于，它通过在分割时选取不同的阈值，给出了接受者操作特性（receiver operation characteristic，ROC）曲线，以后的研究可以借鉴其研究结果获得理想的阈值。文献[24]首先分割出感兴趣区域（region of interest，ROI），然后通过设定一定大小的窗口扫描ROI。通过对扫描窗口的分割，结合霍夫（Hough）变换，获得线形缺陷的特征值，然后通过支持向量机（support vector machine，SVM）进行分类，并对常见的分割方法进行对比。从文献[24]的研究也可以看出，分割和识别往往相互影响，在很多研究中很难严格地将两者割裂为两个部分。文献[25]在文献[24]的基础上提出新的基于阈值的图像分割方法，给出阈值计算的公式，并用该方法对X射线焊缝图像进行分割处理。文献[25]将计算结果和文献[24]的计算结果进行比对，表明文献[25]的算法可以获得和文献[24]同样的分割效果，但在计算时间上更具优势。但文献[25]给出的扫描窗口大小不同时的分割结果图也表明，其提出的方法对扫描窗口的大小相对较为敏感。不同扫描窗口的大小可能会导致不同的分割结果。文献[13]采用降噪提取感兴趣区域，通过全局阈值分割结合局部阈值分割的方法分割缺陷，实验也表明其算法的分割结果对参数的调整较为敏感。文献[26]利用灰度排列对（grayscale arranging pairs，GAP）特征对缺陷进行识别，可以识别不同种类缺陷。文献[27]指出文献[24]所提算法只能检测出宽度大于4个像素点的线形缺陷，并在文献[24]基础上提出新的基于自适应局部阈值和Hough变换的线形缺陷检测算法。在对缺陷的分割中，也有学者着重研究如何获得准确的缺陷形态。

从文献[13]～[17]的研究可以看出，希望准确地对任意X射线焊缝图像获得阈值是十分困难的。在这种情况下，一些学者结合已有的经验知识，采用启发式的方法进行缺陷检测。文献[7]介绍一种基于启发式算法的实时检测算法，可以发现各种类型的缺陷。

2）模糊理论与统计方法的应用

鉴于X射线焊缝图像处理的困难性，一些学者将模糊理论引入缺陷识别领域。文献[22]介绍一种基于模糊理论的缺陷检测方法，并用该方法对117张具有典型缺陷的X射线焊缝图像进行实验计算，取得了很好的效果。

也有学者从统计的角度研究焊缝缺陷检测算法。文献[9]首次提出基于最大期望（expectation maximization，EM）算法的焊缝缺陷分类算法，将基于统计的方法引入X射线焊缝缺陷识别领域，其采用的手段依然是分割、特征提取和识别。实验显示其方法具有极高的缺陷识别率。

3）智能算法的应用

随着计算机技术的发展，也有很多学者将神经网络等智能算法引入X射线焊缝缺陷识别领域，文献[28]针对铝铸件的 X 射线焊缝图像进行缺陷识别的研究，在提取图像特征后采用模糊神经网络进行模式识别，最后给出实验的混淆矩阵。文献[29]提出一种基于感知器模型的有效提取缺陷特征和分类识别的算法，并对 500 张缺陷图片进行识别计算，取得了很好的效果。文献[14]利用自适应特征提取和神经网络分类器进行缺陷识别，并且比较了 BP 神经网络和模糊神经网络两种神经网络的缺陷识别率。文献[30]系统地总结了缺陷的 43 种特征，并设计基于神经网络的分类器，通过实验验证神经网络、支持向量机在 7 种特征和 43 种特征输入量时各类缺陷识别的正确率，但并未提及分割实验效果的好坏。需要指出的是，实际生产中，超过 60%的 X 射线焊缝图像是无缺陷的[14]，因此，判断 X 射线焊缝图像是否有缺陷是十分关键的问题。但已有的文献资料较少涉及这方面的工作。

4. 非传统方法

国际上还有一些学者提出了新颖的检测焊缝缺陷的方法，文献[31]建立的模型综合利用 X 射线和超声检测结果，提出结合证据理论（evidence theory）和模糊逻辑的无损检测方法。文献[31]的对比实验结果表明，其提出的检测方法的准确率超过了单一的 X 射线检测和超声检测。

为了实现准确的缺陷识别，一些学者力图获得准确的分割结果。文献[32]将研究重点放在计算缺陷的轮廓上，在最大似然理论的基础上提出一种获得缺陷区域轮廓信息的算法。文献[33]针对铝铸件的 X 射线焊缝图像的缺陷分割进行研究，提出一种新的特征提取方法，所提算法避免了以往研究中为降低漏检率而引起的误报率高的问题，取得了很好地识别效果。但该方法在埋弧焊焊缝缺陷识别中的效果则未见报道。文献[34]提出的方案需要综合利用不同角度的 X 射线焊缝图片，对铝铸件的 X 射线焊缝图像的实验表明，所提方法可以极大地降低误报率。

5. 缺陷识别效果

总结已有的研究成果，可得如表 1-1 所示的缺陷识别效果表，使用的缺陷特征如表 1-2[30]和表 1-3[30]所示。

表 1-1　缺陷识别已有研究效果

资料来源	明确有无缺陷情况下的缺陷分类成功率	误判率	有无缺陷判断的成功率
文献[22]	177/181	—	—
文献[24]	200/208	—	—
文献[28](铝铸件)	57/60	126/22876	—
文献[29]	94.3%	—	—

表 1-2 几何特征

特征名称	符号	特征公式	参数解释
位置	$G1$	$P=h/H$	H：焊缝宽度；h：缺陷距焊缝中心的距离
长短轴之比	$G2$	L/e	L：长轴；e：短轴
短轴和缺陷面积之比	$G3$	e/A	A：缺陷面积
缺陷面积和外切矩形面积之比	$G4$	A/A_{r}	A_{r}：外切矩形面积
圆形度	$G5$	$p^2/4\pi A$	p：缺陷周长
矩形度	$G6$	W/H^*	W/H^*：缺陷外切矩形宽和高之比
海伍德(Heywood)直径	$G7$	d_{H}	与缺陷有相同面积的圆的直径
角度	$G8$	θ	缺陷轴与焊缝法线的角度

表 1-3 纹理特征

特征名称	符号	特征公式	参数解释
二阶距	$T1$	$\sum_{i=1}^{N_x}\sum_{j=1}^{N_x}\left[p(i,j)\right]^2$	
对比度	$T2$	$\sum_{n=0}^{N_x-1} n^2 \sum_{i=1}^{N_x} \sum_{j=1,\lvert i-j\rvert=n} p(i,j)$	
相关度	$T3$	$\frac{1}{\delta_x\delta_y}\sum_{i=1}^{N_x}\sum_{j=1}^{N_y}(ijp(i,j)-\mu_x\mu_y)^2$	
平方和	$T4$	$\sum_{i=1}^{N_x}\sum_{j=1}^{N_x}(i-j)^2 p(i,j)$	$p(i,j)=P_{kl}(i,j)$
逆差距	$T5$	$\sum_{i=1}^{N_x}\sum_{j=1}^{N_x}\frac{1}{1+(i-j)^2}p(i,j)$	P_{kl}：共生矩阵
求和平均	$T6$	$\sum_{i=2}^{2N_x} i p_{x+y}(i)$	$p_{x+y}(k)=\sum_{j=1}^{N_x}\sum_{\substack{j=1\\ i+j=k}}^{N_x} p(i,j)$
方差和	$T7$	$-\sum_{i=2}^{2N_x} p_{(x+y)}(i)\lg[p_{x+y}(i)]$	
信息熵总和	$T8$	$-\sum_{i=2}^{2N_x}(i-T_7)p_{x+y}(i)$	
信息熵	$T9$	$-\sum_{i=1}^{N_x}\sum_{j=1}^{N_x}p(i,j)\lg p(i,j)$	
差分方差	$T10$	$\mathrm{var}(p_{x+y})$	

已有研究中，在缺陷和噪声的二分类情况下，分类成功率最低为 90.7%，最高为 97.2%。文献[30]进行了多分类试验，对缺陷类型也进行了区分，在这些实验中，分类最好的成功率为 85.4%。

6. 国内研究情况

国内学者对 X 射线焊缝缺陷检测问题进行了很多研究，文献[35]是较少的关于 X 射线焊缝图像处理的专著，该专著系统地介绍了 X 射线焊缝处理的过程和方法，具有重要的参考价值，对 2004 年以前的国内研究也做了较好总结。

2004 年之后，国内也有大量关于 X 射线缺陷检测的文献报道。文献[36]首先提取缺陷特征，然后利用支持向量机识别 X 射线底片焊缝缺陷。文献[37]提出一种新的基于图像空间特性（空间对比度与空间方差）的模糊识别算法用于 X 射线焊缝缺陷检测，其特点是与人眼视觉识别特性相近。文献[38]利用类间、类内方差比分割法和数学形态学方法进行焊缝图像分割，对焊缝部分应用高频加强变换提取焊接缺陷。文献[39]提出一种改进的分水岭算法以抑制噪声，从而防止过分割。文献[40]采用基于模糊推理技术进行焊缝及焊缝缺陷边缘检测。文献[41]从实际实现的角度讨论 X 射线焊缝实时检测系统的研制。文献[42]在检测时利用信息融合技术，并指出其方法在漏检率为 1%时的误检率为 1.9%。文献[43]提出一种基于水淹没原理的缺陷分割算法，该算法利用灰度曲线波形分析来寻找种子点，然后对图像逐级淹没，实验显示该方法具有较好的分割速度和精度。文献[44]将研究重点放在时间序列图像上，用帧内分割和帧间跟踪相结合的方法检测缺陷。出于对减少数据处理量及加快计算时间的角度考虑，文献[45]～[47]都将主成分分析（principal component analysis，PCA）技术引入 X 射线焊缝缺陷识别中。

从国内的研究来看，2007 年以来，基于模式识别的缺陷检测是研究成果最多的检测方法。而在各种模式识别方法中，关于神经网络和支持向量机的研究报道较多。2013 以来，以卷积神经网络、支持向量机和稀疏描述为主题的研究论文数量如图 1-1 所示。

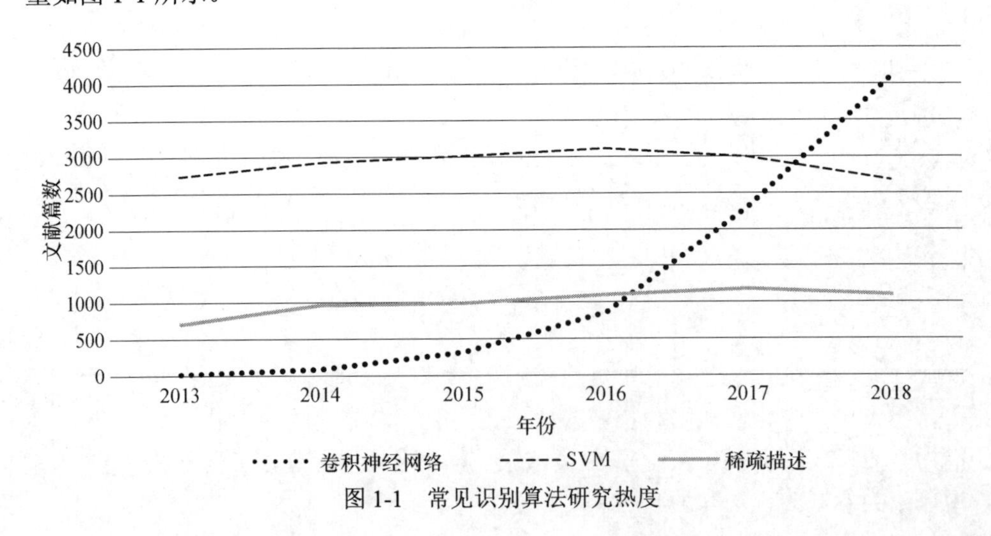

图 1-1　常见识别算法研究热度

由图 1-1 可以看出，识别算法中，卷积神经网络受到越来越多研究人员的关注，对稀疏描述和 SVM 的研究，近几年来一直较为平稳。在基于 X 射线焊缝图像的缺陷检测领域，模式识别技术中一些具有代表性的研究成果如图 1-2 所示。

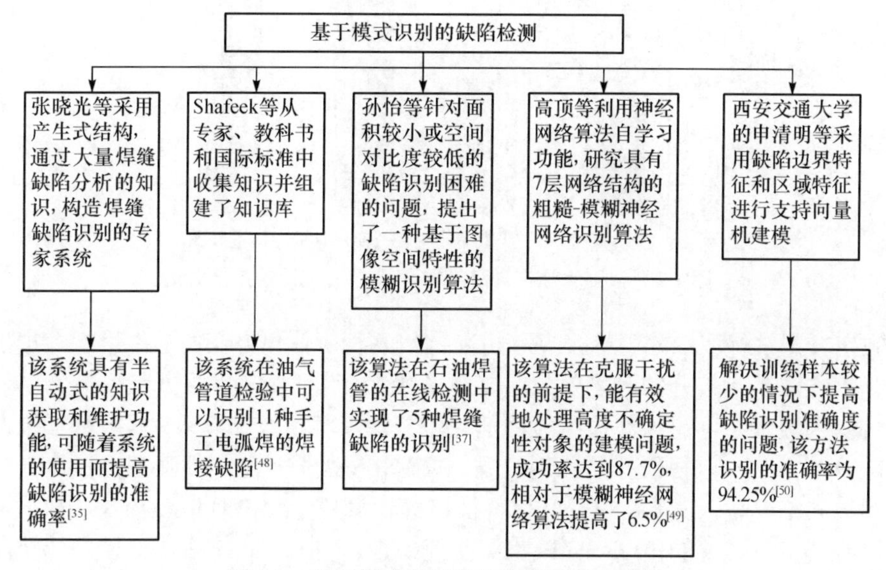

图 1-2 基于模式识别的缺陷检测研究成果

总的来说，在 X 射线焊缝图像缺陷检测领域，支持向量机是最受关注的识别方法之一。较为典型的有文献[50]采用缺陷边界特征和区域特征进行支持向量机建模。文献[51]定义一种类分离度，提出改进二叉树多分类 SVM 的焊缝缺陷分类方法，其分类所用的特征均为表 1-2 所示的几何特征。文献[52]利用熵关联法分割图像，然后通过支持向量机识别缺陷。文献[53]提出采用支持向量机结合形态学对焊缝缺陷进行检测。文献[54]和[55]都是对 SVM 做出不同的改进以检测缺陷。

在这些研究以外，决策树分类[56]、压缩感知中所涉及的稀疏描述技术[57-60]也被运用到焊缝缺陷的辨识中，并取得了较好的效果。在已有的文献报道中，几类识别方法在焊缝缺陷识别方面取得的最优识别准确率如图 1-3 所示。

由图 1-3 可知，模糊推理和支持向量机在焊缝缺陷识别方面具有较好的应用效果。相比于神经网络需要较多的学习样本，支持向量机需要的训练样本较少，但无论支持向量机还是神经网络都需要对缺陷进行准确的分割以求取特征值。

在缺陷检测方法中，另一个具有较多研究成果的领域是缺陷分割算法及缺陷的模型研究。文献[61]利用 Hopfield 神经网络进行缺陷的分割。文献[62]通过用阈值分割的方法检测气孔，对气孔缺陷进行量化分析。文献[63]利用数学形态学结

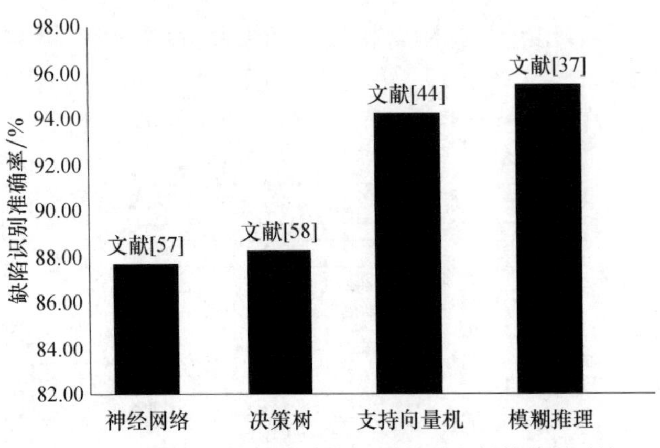

图 1-3　识别算法在焊缝缺陷识别方面取得的结果对比

合数字减影法提取缺陷目标，并分析和比较几种阈值化方法的基本思想，指出迭代分割方法具有较好的分割效果。文献[64]提出以邻域灰度平方差变换为基础，结合灰度级形态学重构和边缘检测的缺陷提取新算法。文献[65]提出基于聚类的缺陷分割方法，取得较好的分割效果。文献[66]在聚类分割的基础上提出一种新的焊缝缺陷模型，仅涉及三种几何特征值的计算。文献[67]和[68]都是从缺陷自动检测系统工程实现的角度研究缺陷的快速识别。文献[69]～[73]则试图在焊接阶段准确跟踪焊缝位置，实现自动焊接，提高焊接质量。

1.5　本 章 小 结

分析已有的研究可以发现，国内外学者对 X 射线焊缝缺陷识别所做的研究大都聚焦于如何分割出缺陷或者疑似缺陷的几何特征以及纹理特征。缺陷的准确分割是求取特征值的重要前提，几乎所有的研究都将缺陷分割放在重要的研究位置。

随着计算机技术的发展，越来越多的研究人员采用各种智能算法对 X 射线焊缝图像进行分割和识别的研究。虽然取得了众多研究成果，但识别的实时性和准确性仍需要进一步提高。2000 年以来，研究的热点逐步转向 SVM、模糊算法等现代优化计算方法。随着图像硬件技术和基于计算机技术的智能优化算法的快速发展，缺陷识别准确率及实时性不断提高，完全替代人工识别的 X 射线焊缝图像的自动识别技术门槛已经越来越低。相信在不久的将来，自动识别技术将可以实现大规模的工业应用。

第 2 章 焊缝缺陷射线检测原理及缺陷分类

2.1 X 射线检测的原理

1. 射线与物质的相互作用

当射线穿透物体时，射线与物质相互作用，会产生一系列极为复杂的过程，包括光电效应、汤姆孙散射、瑞利散射、康普顿效应和电子对（电子偶）效应等。射线因吸收和散射失去一部分能量，强度相应减弱。吸收是一种能量的转换过程，射线透过物体时，射线能量被物质吸收后转化为其他形式的能量。散射过程仅使射线的传播方向发生变化，射线的能量形式与本质不发生变化。当射线穿过物质后，由于吸收和散射，在原来的传播方向上测量强度就会减弱。射线实质上展示了微观世界的波粒二象性，即粒子性和波动性。射线与物质的相互作用过程中，主要表现为粒子性，用射线光子与物质的作用来描述，能量较低的范围内也用波动性来解释。

2. 射线衰减规律

衰减是物体透射时的射线强度低于入射时的射线强度。单位时间内，在垂直于射线传播方向的单位面积上所通过的射线能量，称为射线强度。射线强度的减弱包括传播几何因素和物质相互作用两方面的原因。

试验表明，对于一束射线，在均匀介质中，在无限小的厚度 $\mathrm{d}T$ 内，强度衰减量 $\mathrm{d}I$ 正比于入射射线强度和物体厚度的变化量，这种关系可写为

$$\mathrm{d}I = -I\mu\mathrm{d}T \tag{2-1}$$

对式（2-1）积分，可得射线衰减的基本规律：

$$I = I_0\mathrm{e}^{-\mu T} \tag{2-2}$$

式中，I 为透射射线强度；I_0 为无吸收体时入射射线强度；μ为物体的衰减系数，为各种物理效应分别引起的衰减系数之和，由射线本身的特征或能量及穿透物质本身的性质决定；e 为自然数；T 为被检测物体厚度。

透射射线带有被测物体内部结构的信息，通过射线强度的变化检测评定工件内部的各种缺陷。当被检测物体有缺陷时，射线强度可表示为

$$I' = I_0 e^{-\mu(T+\Delta T)} \tag{2-3}$$

式中，ΔT 为缺陷在射线透过方向的尺寸，其他参数含义同式（2-2）。

由式（2-2）和式（2-3）可得无缺陷和有缺陷时透射射线强度之比为

$$\frac{I}{I'} = e^{\mu\Delta T} \tag{2-4}$$

在射线检测过程中，获得的射线图像是射线经过被检测物质衰减和吸收的记录，它将物质内部结构特性的透视信息以灰度形式记录，这些灰度信息包括了各种能量的散射和透射线的吸收和衰减。从式（2-4）可知，有缺陷部分的射线图像灰度值不同于无缺陷部分。这样射线检测可以以图像方式记录各种缺陷，并能够长久保存。通过分析图像可以得出缺陷的大小、数量、性质和位置等重要信息。

由式（2-4）可知，ΔT 是影响缺陷射线图像灰度的重要因素。实际应用中，射线检测容易检出形成局部厚度差的缺陷，对气孔和夹渣有较高的检出率，但检测裂纹类缺陷需要考虑透照角度对此的影响，它不能检测出垂直照射角度的薄膜缺陷。射线检测缺陷尺寸要考虑透照厚度，检测出的缺陷透照厚度可以达到透照厚度的 1%，甚至更小。检测出的长度及宽度为毫米数量级或亚毫米数量级，甚至更小。射线不存在检测厚度的下限，因此能够检测薄工件，但是由于射线穿透能量的影响，检测的上限受限制。穿透能力取决于射线光子能量。厚度更大的试件需要使用加速器，它的穿透厚度可达 400mm 以上。

2.2　射线实时成像

以埋弧焊钢管的 X 射线检测为例，现场的焊缝实时成像系统主要由 X 射线源、滚轴传送车和成像部件等组成，如图 2-1 所示。而图像采集卡主要是将模拟图像信号转换成数字图像。

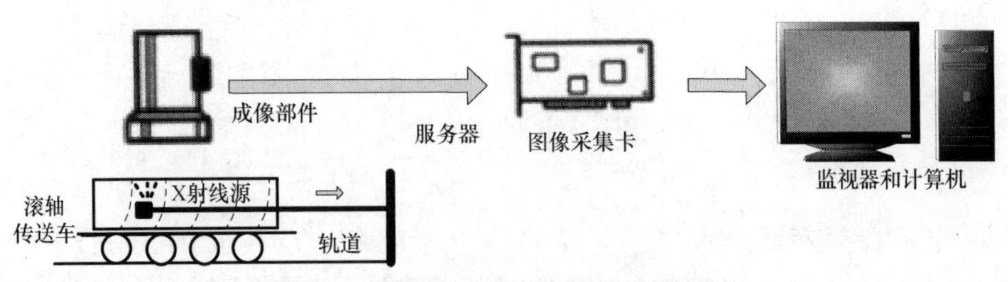

图 2-1　焊缝缺陷分类检测系统结构图

焊缝图像识别主要依赖监视器和计算机，其功能主要是显示和图像处理，并将采集到的探伤图像数据存储起来。图像采集卡将获得的图像传入计算机，并在监视器中显示，同时该图像数据在计算机中通过各种检测算法来检测是否存在缺陷，并在计算机显示器上实时显示检测结果。同时，将检测结果存储到计算机的存储器中，以备后续的查找和验证。

在实际生产中，由于 X 射线图像是综合了各种物理效应后的综合图像，因此射线检测系统得出的焊缝原始图像有如下特点：灰度区间比较窄、噪声多、缺陷边缘模糊不清、缺陷特征有时不明显等。这些问题对缺陷的自动检测和评价都会带来负面影响。

在焊缝缺陷自动识别和提取的研究中，很多研究人员用具有代表性的焊缝缺陷特征量区别不同的缺陷类型。准确的缺陷特征值是实现缺陷自动分类的重要前提。由于焊缝内部的缺陷种类很多，为了保证能够正确识别，需要了解各类焊缝缺陷的特征值。

2.3　常见的焊缝缺陷分类和分级

1. 缺陷分类

常见的焊缝缺陷有很多种，也有很多区分它们的方法，常见的有以下三种分类方法。

1）按缺陷出现的时间分类

按缺陷出现的时间分类，可以分成两种：制作过程中造成的缺陷和使用时发生的缺陷。制作过程中造成的缺陷包括裂纹、孔穴、夹渣、凹陷、熔接不足和渗透不足等；使用时发生的缺陷通常是指焊接热循环损伤到焊道或邻近的热影响区，造成焊件性质劣于母材。当焊件使用时，破裂起始于这些缺陷存在的原位置。

2）按缺陷出现的位置分类

按缺陷出现的位置分类，可以分为两种：外部缺陷和内部缺陷。外部缺陷包括焊瘤、咬边、烧穿、未焊透、夹渣、表面气孔、焊接裂纹以及焊缝形状和尺寸不符合要求等；内部缺陷包括未焊透、夹渣、内部气孔、焊接裂纹等。

3）按照 GB 6417—86《金属熔化焊焊缝缺陷分类及说明》规定分类

按照 GB 6417—86《金属熔化焊焊缝缺陷分类及说明》规定分类，可以分为六大类，第一类是裂纹，第二类是气孔，第三类是夹渣，第四类是未焊透，第五类是未熔合，第六类是形状尺寸不良。这六大类的缺陷根据缺陷的位置和形状大小等分为几个小类。这些缺陷分别用国际焊接学会（International Institute of Welding，IIW）中的缺陷字母代号来作简化标记。GB 6417—86《金属熔化焊焊缝缺陷分类及说明》是目前统一的焊缝缺陷分类国家标准。

2. 缺陷分级

常见的焊缝缺陷的分级是按照国家统一标准 GB 6417—86《金属熔化焊焊缝缺陷分类及说明》评判的，而这个标准是在 GB 3323—82《钢焊缝射线照相及底片等级分类法》和 JB 928—67《焊缝射线探伤标准》的基础上经过修改颁布的，是对焊缝缺陷进行分级的方法。GB 6417—86《金属熔化焊焊缝缺陷分类及说明》中的焊缝缺陷的分类是在对焊缝进行 X 射线照相时，根据焊缝缺陷的种类、大小和数量，将焊缝的质量分为四级。

（1）Ⅰ级焊缝：内应无裂纹、未熔合、未焊透和条状夹渣。

（2）Ⅱ级焊缝：内应无裂纹、未熔合和未焊透。

（3）Ⅲ级焊缝：内应无裂纹、未熔合以及双面焊和加垫板的单面焊中的未焊透。

（4）焊缝缺陷超过Ⅲ级者为Ⅳ级。

对于《钢结构设计规范》（GB 50017—2003）所提到的三个级别焊缝，在对一级和二级焊缝进行无损探伤时，对于一级焊缝要达到 GB/T 3323—2005《金属熔化焊焊接接头射线照相》中的Ⅱ级以上，对于二级焊缝要达到 GB/T 3323—2005《金属熔化焊焊接接头射线照相》中的Ⅲ级以上。

长宽比小于或等于 3 的焊缝缺陷，被称作圆形缺陷。焊缝里面有很多个圆形缺陷时，应该把缺陷的大小和数量作为区分焊缝级别的依据。按照 GB 3323—2005《金属熔化焊焊接接头射线照相》标准的规定，以母材的厚度将常见的焊缝缺陷评定的区域分为三种：10mm×10mm、10mm×20mm 和 10mm×30mm。评定区域和构件大小的关系如表 2-1 所示。

表 2-1　常见缺陷评定区域

母材厚度 T/mm	≤25	≥25～100	＞100
评定区域大小/（mm×mm）	10×10	10×20	10×30

若评定区域中是圆形缺陷时，需先将圆形缺陷尺寸换算成缺陷点数，圆形缺陷与区域中的缺陷点数的换算关系如表 2-2 所示。

表 2-2　缺陷点数换算表

缺陷长径/mm	≤1	＞1～2	＞2～3	＞3～4	＞4～6	＞6～8	＞8
点数	1	2	3	6	10	15	25

若焊缝里面的缺陷大小相比于构件较小时可以不计点数，不计点数的大小如表 2-3 所示。

表 2-3　不计点数的缺陷大小

母材厚度 T/mm	缺陷长径/mm
≤25	≤0.5
>25～50	≤0.7
>50	≤1.4%T

以圆形缺陷为例，首先需要把缺陷的长径大小按照国家标准规定换算成等效缺陷点数，然后分出评定区域的大小，最后分级，分级标准如表 2-4 所示。

表 2-4　圆形缺陷分级标准

评定区尺寸/（mm×mm）		10×10			10×20		10×30
母材厚度 T/mm		≤10	>10～25	>15～25	>25～50	>50～100	>100
等级	Ⅰ	1	2	3	4	5	6
	Ⅱ	3	6	9	12	15	18
	Ⅲ	6	12	18	24	30	36
	Ⅳ	缺陷点数大于Ⅲ级者					

条状夹渣的分级标准如表 2-5 所示。

表 2-5　条状夹渣的分级标准

质量等级	单个长度/mm	缺陷长径
Ⅱ	$T\leqslant 12$：　4 $12<T<60$：　（1/3T） $T\geqslant 60$：　20	在任意直线上，相邻两个夹渣间距不超过 6L，累计长度在 12T 焊缝长度内不超过 T
Ⅲ	$T\leqslant 9$：　6 $9<T<45$：　（2/3T） $T\geqslant 45$：　30	在任意直线上，相邻两个夹渣间距不超过 3L，累计长度在 6T 焊缝长度内，不超过 T
Ⅳ	大于Ⅲ级者	—

注：表中 L 为该组缺陷中最长者长度（mm）；T 为母材厚度（mm）。

2.4　典型缺陷特征

为提取焊缝缺陷的特征值，需要对缺陷区域进行特征参数的计算，而缺陷几何特征的提取直接关系到识别准确率的高低。下面简要介绍几类典型的几何特征计算方式。通过缺陷区域的搜索，可以得到该区域四个方位的边界信息，以此建立该区域外切矩形的模型，如图 2-2 所示。

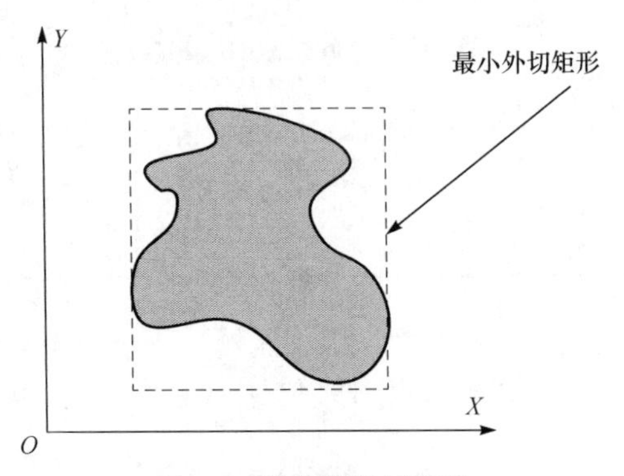

图 2-2　物体的外切矩形

提取图 2-2 确定模型中的长短轴、面积等基本量，根据这些基本量进一步提取所需的几何特征。几种典型的几何特征如下。

1）重心坐标相对焊缝中心的位置

重心坐标相对焊缝中心的位置为缺陷对于焊缝的几何中心线所处的相对位置。如图 2-3 所示,计算公式如式（2-5）所示：

$$G1 = d / B_w \tag{2-5}$$

式中，d 为缺陷相对于焊缝中心线的欧几里得距离；B_w 为焊缝宽度。

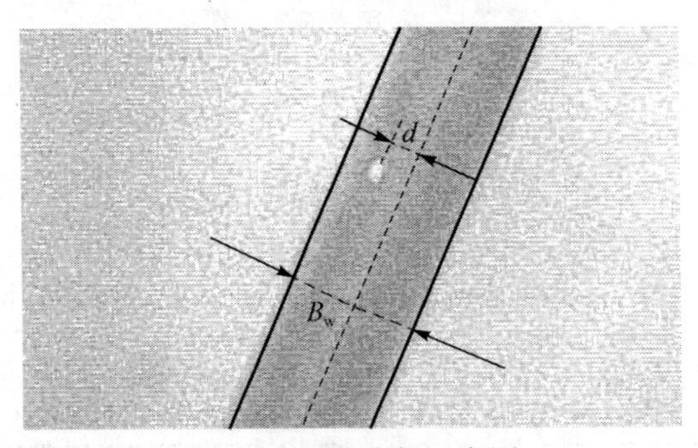

图 2-3　重心坐标示意图

2）长短轴之比

长短轴之比为缺陷外切矩形长和宽的比值：

$$G2 = \frac{\sqrt{(x_1 - x_2)^2 + (y_1 - y_2)^2}}{\sqrt{(x_2 - x_3)^2 + (y_2 - y_3)^2}} = L_x / L_y \tag{2-6}$$

式中，(x_1, y_1)、(x_2, y_2)、(x_3, y_3) 为目标区域外切矩形的坐标；L_x 为长轴，$L_x = \sqrt{(x_1 - x_2)^2 + (y_1 - y_2)^2}$；$L_y$ 为短轴，$L_y = \sqrt{(x_2 - x_3)^2 + (y_2 - y_3)^2}$。

3）短轴和缺陷面积之比

短轴和缺陷面积之比为缺陷区域的短轴长度与其面积之比：

$$G3 = \frac{\sqrt{(x_2 - x_3)^2 + (y_2 - y_3)^2}}{S_n} = L_y / S_n \tag{2-7}$$

式中，(x_2, y_2)、(x_3, y_3) 为短轴上的两个坐标；L_y 为短轴长度；S_n 为缺陷面积。

4）缺陷面积和外切矩形面积之比

缺陷面积和外切矩形面积之比是指缺陷面积与其外切矩形面积的比值：

$$G4 = \frac{S_n}{L_x \times L_y} \tag{2-8}$$

式中，S_n 为缺陷面积；L_x 为长轴长度；L_y 为短轴长度。

5）圆形度

圆形度用于表征缺陷图样接近圆的程度：

$$G5 = \frac{4 \times \pi \times S_n}{C^2} \tag{2-9}$$

式中，S_n 为缺陷区域面积；C 为缺陷区域的周长。

6）矩形度

矩形度是样本长轴和短轴中最长的长度比最短的长度：

$$G6 = \frac{\max(L_x, L_y)}{\min(L_x, L_y)} \tag{2-10}$$

式中，L_x 为长轴长度；L_y 为短轴长度。本特征反映了缺陷占其外切矩形的大小。当对象为矩形时，取最大值 1；当对象为圆形时，该值为 $\pi/4$；当对象为细长弯曲的物体时，则该值变小。

7）海伍德直径

海伍德（Heywood）直径为与缺陷具有相同面积的圆直径：

$$G7 = 2\sqrt{S_n / \pi} \tag{2-11}$$

式中，S_n 为缺陷区域面积。

2.5　缺陷特征分析

埋弧焊 X 射线焊缝实时成像系统图像如图 2-4 所示，焊缝中的缺陷与焊缝在图像灰度值上的数值都有差异。

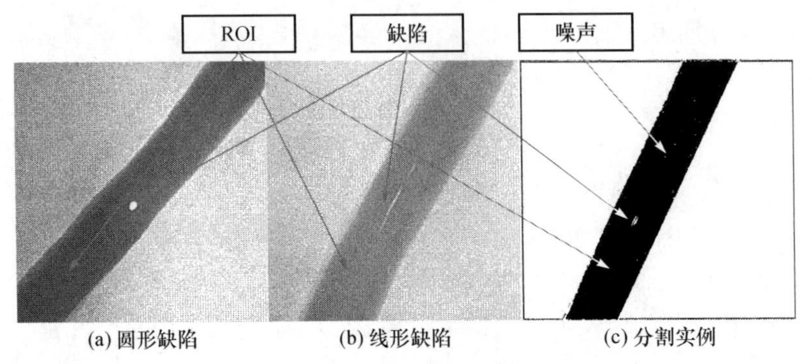

图 2-4　X射线焊缝图像

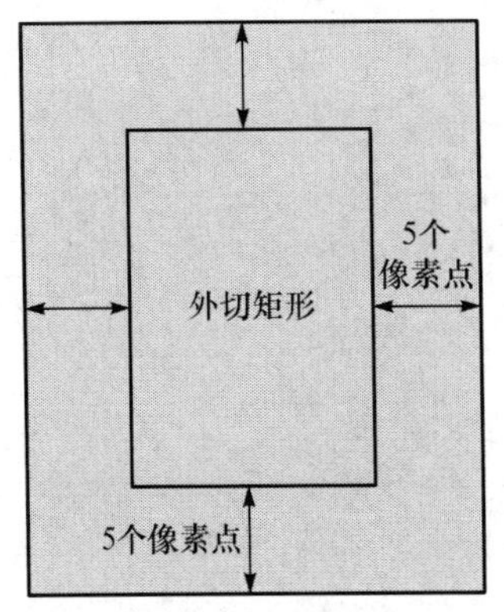

图 2-5　疑似缺陷区域定义

为了分析缺陷特征，首先需要对缺陷进行准确分割。由于焊缝中缺陷面积相对较小，图像质量变化又大，常规的自适应分割方法难以准确分割。分割出来的结果往往是缺陷与噪声并存，如图 2-4（c）所示。同时，为了求取分割结果的特征值，分割缺陷一般在一个相对区域较小的范围进行，本书将这一区域称之为疑似缺陷区域（suspected defect region，SDR），SDR为分割出来的疑似缺陷外切矩形扩展5个像素点后的区域，如图2-5所示。部分截取的缺陷及噪声SDR如图2-6和图2-7所示。为了分析缺陷和噪声的图像特征，本书以缺陷大小、位置$G1$、长短轴之比$G2$、短轴和缺陷面积之比$G3$、缺陷面积和外切矩形面积之比$G4$、圆形度$G5$、矩形度$G6$和海伍德直径$G7$为例，分别统计了缺陷和噪声的特征值，如图2-8所示。

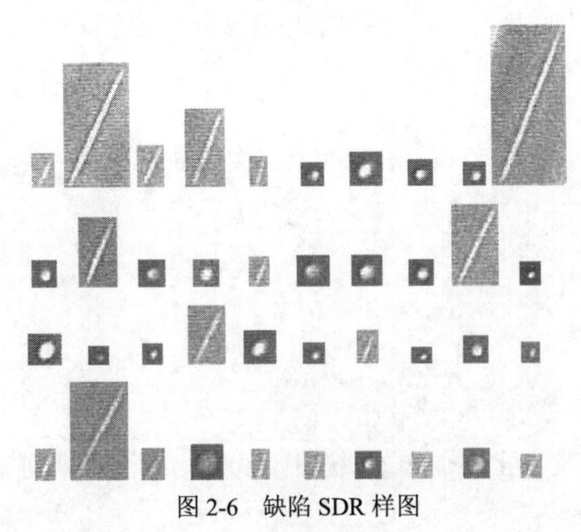

图 2-6　缺陷SDR样图

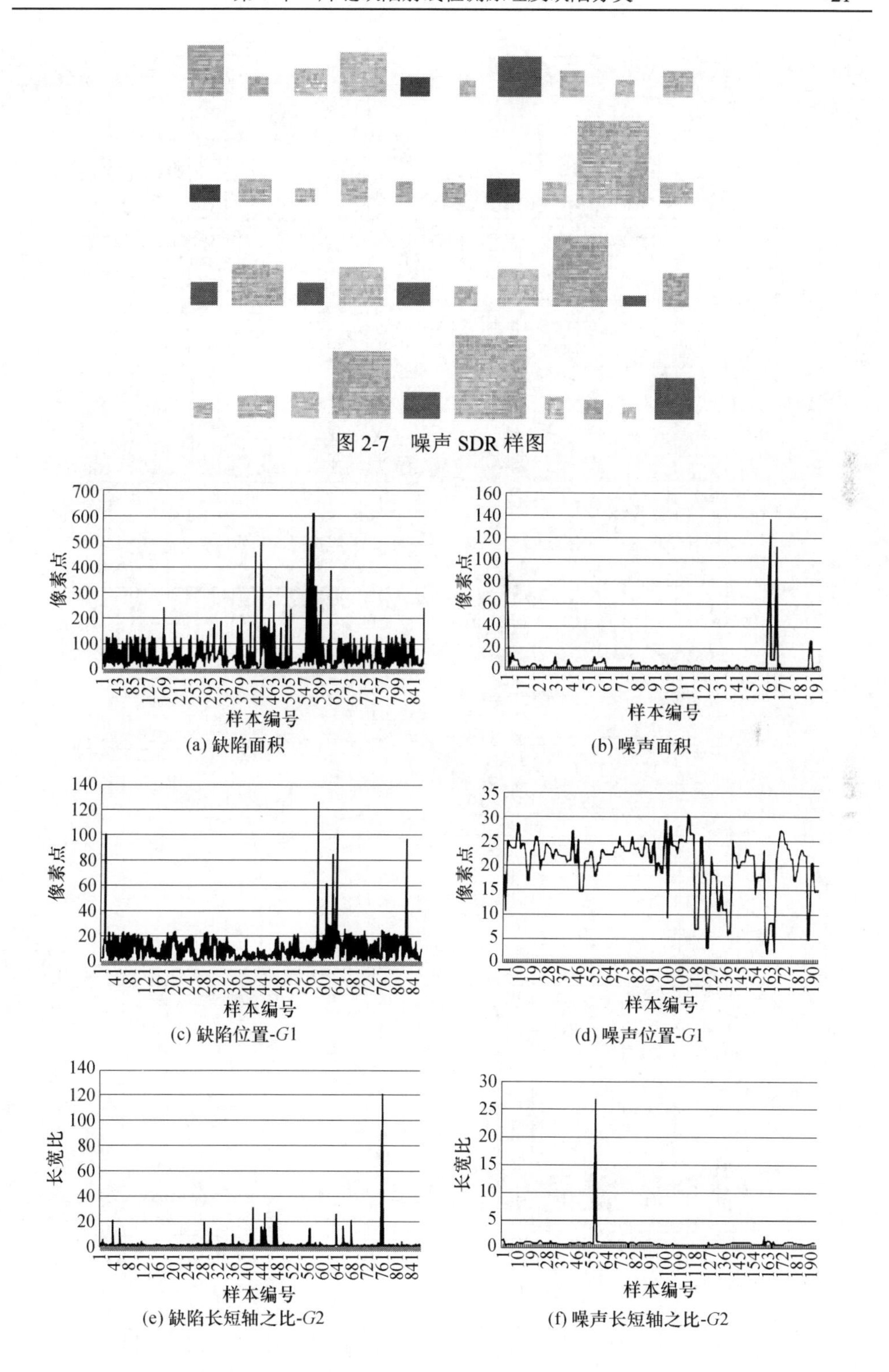

图 2-7　噪声 SDR 样图

(a) 缺陷面积　(b) 噪声面积

(c) 缺陷位置-$G1$　(d) 噪声位置-$G1$

(e) 缺陷长短轴之比-$G2$　(f) 噪声长短轴之比-$G2$

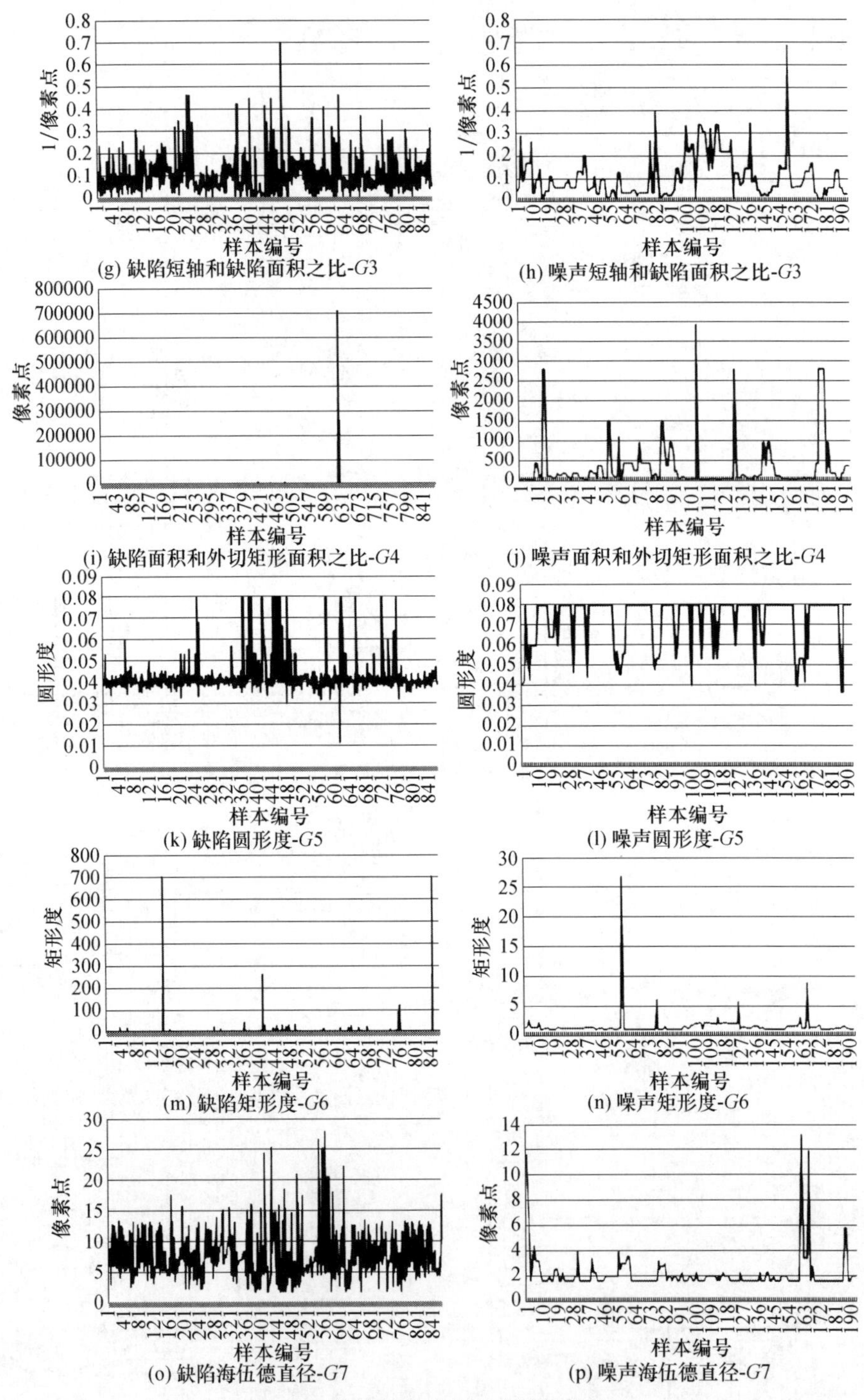

(g) 缺陷短轴和缺陷面积之比-$G3$　(h) 噪声短轴和缺陷面积之比-$G3$

(i) 缺陷面积和外切矩形面积之比-$G4$　(j) 噪声面积和外切矩形面积之比-$G4$

(k) 缺陷圆形度-$G5$　(l) 噪声圆形度-$G5$

(m) 缺陷矩形度-$G6$　(n) 噪声矩形度-$G6$

(o) 缺陷海伍德直径-$G7$　(p) 噪声海伍德直径-$G7$

图 2-8　缺陷及噪声的部分特征值统计

以上统计数据均以像素点为单位，其范围如表 2-6 所示。

表 2-6　缺陷及噪声部分特征数据范围表

类型＼特征	面积	$G1$	$G2$	$G3$	$G4$	$G5$	$G6$	$G7$
缺陷像素点	2～200	0～20	0～5	0～0.2	0～200	0.03～0.05	1～6	1～15
噪声像素点	2～20	10～25	0.1～2	0～0.4	0～1000	0.04～0.08	0～5	1～4

分析图 2-8 及表 2-6 可以发现，没有任何一个特征值可以准确地区分缺陷和噪声，两者的特征值存在较大范围的重合。从已有的研究可以得出，越来越多的学者利用 SVM 区分缺陷及噪声。SVM 就是将低维空间的值投影到高维空间，这也从一个侧面说明仅凭单个特征值无法区分缺陷和噪声。

2.6　本章小结

本章对 X 射线焊缝图像进行分析，简要介绍缺陷的等级划分，对缺陷的几类典型几何特征值进行统计。统计结果表明，任何一类缺陷特征值都无法实现准确的缺陷和噪声分割，实际缺陷的识别在低维空间难以实现。

第3章　X射线焊缝图像预处理

3.1　图 像 滤 波

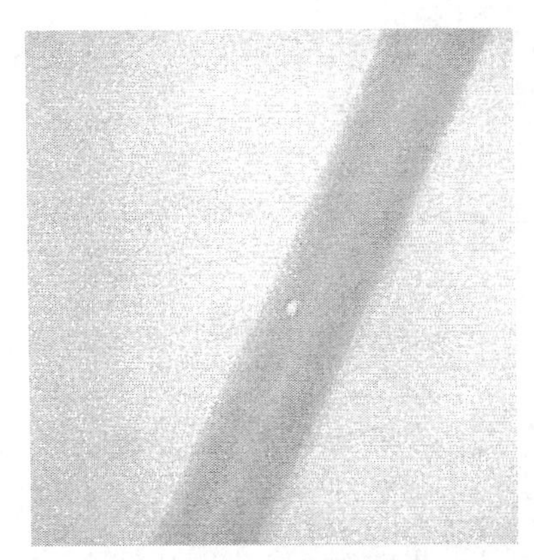

图 3-1　X 射线焊缝图像

实际工业生产中，X 射线实时成像检测系统所测得的焊缝图像如图 3-1 所示，可以发现实际 X 射线成像系统的焊缝图像边缘模糊，且具有较大噪声。

X 射线实时成像系统图像的噪声按其产生的来源可分为外部噪声和内部噪声，外部噪声是指受处理系统的外部影响而产生的噪声，常见的有光电子噪声和电子噪声。

1. 光电子噪声

光电子噪声指由光的统计本质和图像传感器中光电子转换过程引起的有形噪声和无规噪声，在弱光照的情况下，其影响更为严重。

2. 电子噪声

电子噪声指在阻性器件中，由于电子随机热运动而产生的噪声，电子噪声的数学模型是最简单的，常用零均值高斯白噪声作为其模型。

图像的内部噪声[5]通常是指在图像采集、输入过程中由系统内部产生的噪声。常见的系统内部噪声有以下四种。

（1）由光和电的基本性质引起的噪声。

（2）电器的机械运动产生的噪声。

（3）元器件材料本身引起的噪声。

（4）系统内部电路引起的噪声。

对 X 射线实时成像系统而言，焊缝图像的噪声主要产生于阻性器件发热、光电转换和图像传输过程。由摄像机拍摄得到的图像受离散的脉冲噪声、椒盐噪声和零均值高斯噪声的影响比较严重。其中，由于阻性器件中的电子随机热运动而产生的电子噪声，一般表现为零均值高斯白噪声；在光的成像和图像传感器的光电转换过程中产生的光电噪声，在弱光情况下表现为泊松分布，强光时泊松分布更趋近于高斯分布。在传输通道、解码处理等过程中产生的黑白相间的亮点主要表现为椒盐噪声。

X 射线实时成像系统图像滤波要求图像清晰的同时不破坏图像中的轮廓和边缘信息。在图像处理中，常见的滤波方法可以分为空间域法和频率域法两大类，其中，空间域法又可以分为线性和非线性两类。常见的滤波方法如表 3-1 所示。

表 3-1　滤波方法一览表

<table>
<tr><td rowspan="3">空间域法（线性滤波）</td><td>高斯平滑滤波器</td></tr>
<tr><td>邻域平均滤波器</td></tr>
<tr><td>帧叠加法</td></tr>
<tr><td rowspan="4">空间域法（非线性滤波）</td><td>中值滤波器</td></tr>
<tr><td>低-高-中（lower-upper-middle，LUM）滤波器</td></tr>
<tr><td>对比选择滤波器</td></tr>
<tr><td>小波降噪</td></tr>
<tr><td rowspan="4">频率域法</td><td>理想低通滤波器</td></tr>
<tr><td>巴特沃思（Butterworth）滤波器</td></tr>
<tr><td>指数低通滤波器</td></tr>
<tr><td>梯形低通滤波器</td></tr>
</table>

总结常见图像滤波方法的优点和局限可得表 3-2。

表 3-2　常见图像滤波方法汇总

滤波方法	优点	局限
高斯平滑滤波	适用于去除高斯噪声，硬件容易实现，很好地兼顾平滑和细节保持	仅对服从高斯正态分布的函数有效
邻域均值滤波	均值滤波后图像变得均匀	整体灰度降低，边缘模糊程度严重
帧叠加法	图像的信噪比提高	运算量大，时效性低，受到帧数的限制
中值滤波	能有效抑制脉冲干扰，保持边缘效果良好，可以克服线性滤波器所带来的图像细节模糊，而且对滤除脉冲干扰及图像扫描噪声最为有效，原始图形几乎没有损耗	平滑效果一般
对比选择滤波	增强边缘梯度	对噪声不敏感
LUM 滤波	兼顾平滑及锐化作用，既增强了边缘，又抑制了噪声，还保存了细节	未被噪声污染的边缘区域也进行滤波；每个滤波窗口都要进行排序，增加了算法时间，改进型的自适应 LUM 滤波弥补了局限
小波降噪	具备良好的时域特性	对有用信号和噪声的频带相互重叠的情况处理效果不太理想

一般认为，中值滤波能较好地保留边缘等有用信息，而均值滤波对椒盐噪声和高斯噪声较为有效。因为 X 射线焊缝实时成像系统中的噪声主要产生在阻性器件发热、光电转换和图像传输过程中，此类噪声以椒盐噪声混合高斯噪声为主，所以针对 X 射线焊缝实时成像系统图像，均值滤波可能更为有效。

对 X 射线焊缝实时成像系统图像分别用均值滤波、中值滤波、维纳滤波和小波滤波四种滤波方法进行滤波后的效果如图 3-2 所示，从视觉效果来看，均值滤波要好于其他几种滤波方法。

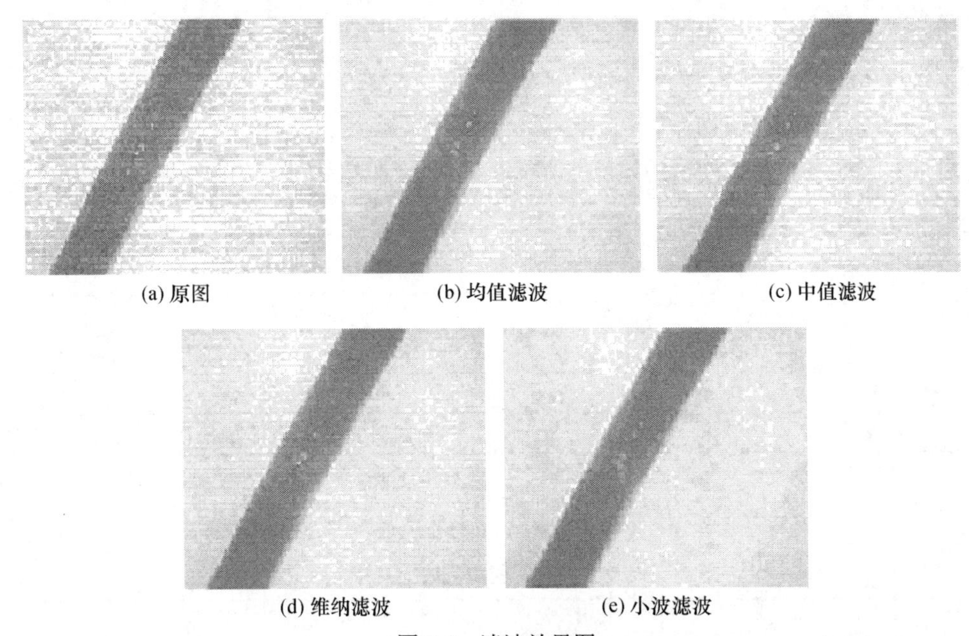

(a) 原图　(b) 均值滤波　(c) 中值滤波　(d) 维纳滤波　(e) 小波滤波

图 3-2　滤波效果图

从焊接数据库中随机选取 10 张原始焊缝图像，同样利用均值滤波、中值滤波、维纳滤波和小波滤波四种滤波方法对这 10 张图像进行滤波处理。分别求取峰值信噪比（peak signal to noise ratio，PSNR），结果如表 3-3 所示，对应曲线如图 3-3 所示。由图 3-3 可以发现，均值滤波处理 X 射线焊缝实时成像系统图像的峰值信噪比较其他滤波方法高，因此对实时成像系统图像的滤波应以均值滤波方法为主。

表 3-3　滤波后的图像峰值信噪比　（单位：dB）

图像编号	均值滤波 PSNR	中值滤波 PSNR	维纳滤波 PSNR	小波滤波 PSNR
1	47.1529	26.3726	28.1748	28.5582
2	46.6008	23.3639	25.2439	25.4322

续表

图像编号	均值滤波 PSNR	中值滤波 PSNR	维纳滤波 PSNR	小波滤波 PSNR
3	46.2348	24.3615	25.928	26.1378
4	46.1461	23.7569	25.6349	26.5095
5	46.4297	23.865	25.5085	26.1444
6	47.2887	26.0291	27.3565	27.7557
7	47.2795	26.023	27.3125	27.7259
8	47.2801	25.0276	26.5273	27.0266
9	46.8156	24.5838	26.0628	26.2498
10	47.2101	25.2987	26.7417	27.4381

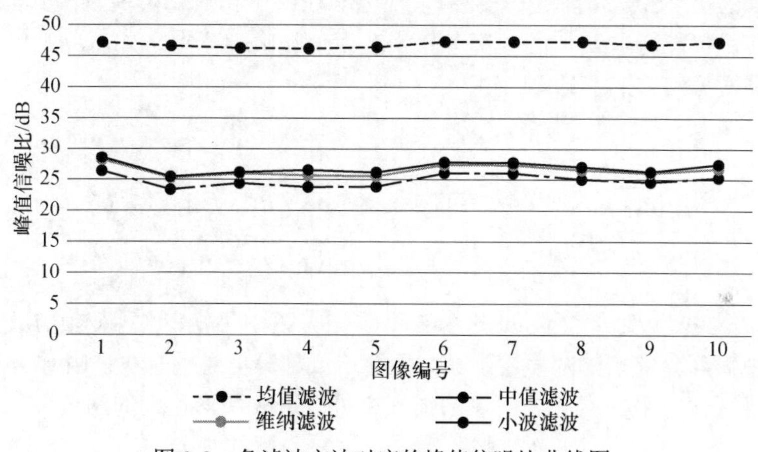

图 3-3　各滤波方法对应的峰值信噪比曲线图

3.2　图 像 增 强

在采集现场图像的过程中，由于受到很多客观因素的影响，使得有些焊缝图像的对比度不高，灰度直方图呈单峰状态。在进一步处理前有必要对其进行增强，便于以后的缺陷分割。

分析埋弧焊 X 射线焊缝图像可知，焊缝区域的灰度等级主要集中在两部分：焊缝部分和焊管部分。焊缝部分对应灰度值较小的部分；焊管部分对应灰度值较大的部分。相应的，埋弧焊 X 射线焊缝图像灰度直方图应该是双峰型的，或者是均匀的遍布在整个灰度范围内。但如果对比度较低，其直方图则会渐变成单峰型，不利于图像的前后景分割。目前，常见的图像增强方法有线性变换、分段线性变换、非线性变换和直方图均衡化。

1. 线性变换

线性变换是用一个线性单值函数对每一个像素点的灰度值做线性扩展，改善视觉效果。设 $f(x,y)$为原图像的灰度，灰度分布范围为$[a,b]$，增强后灰度范围为$[a',b']$，增强后图像灰度为$g(x,y)$，则有：

$$g(x,y)=a'+\frac{b'-a'}{b-a}\cdot[f(x,y)-a] \tag{3-1}$$

灰度线性变换特性如图3-4所示。如果所有像素点灰度值均在$[a,b]$之内，图3-4所示的灰度变换曲线则是有效的。

单一的X射线焊缝图像灰度值大部分都在一个相对稳定的范围内，但由于噪声的存在，可能有非常少的一部分像素灰度值在$[a,b]$范围之外，此时可以采用截取式线性变换的方法，即

$$g(x,y)=\begin{cases}a' & f(x,y)<a\\ a'+\dfrac{b'-a'}{b-a}\cdot[f(x,y)-a] & a\leqslant f(x,y)\leqslant b\\ b' & f(x,y)>b\end{cases} \tag{3-2}$$

截取式线性变换特性如图3-5所示。从图中可知，这种变换方式虽然增加了图像中大部分像素的灰度层次感，但会造成部分信息的损失。由于X射线焊缝中的缺陷往往较小，这部分信息的损失有可能造成缺陷识别的困难。

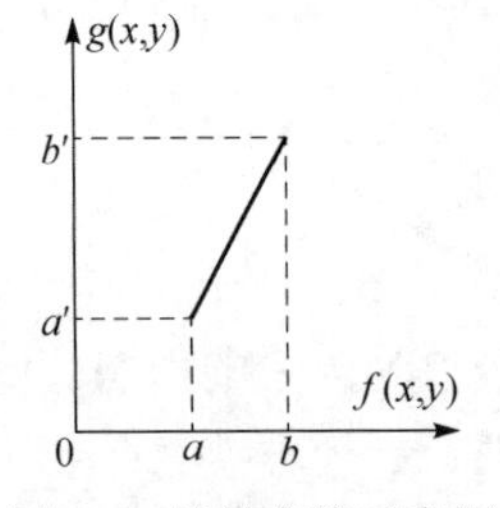

图3-4　线性变换示意图

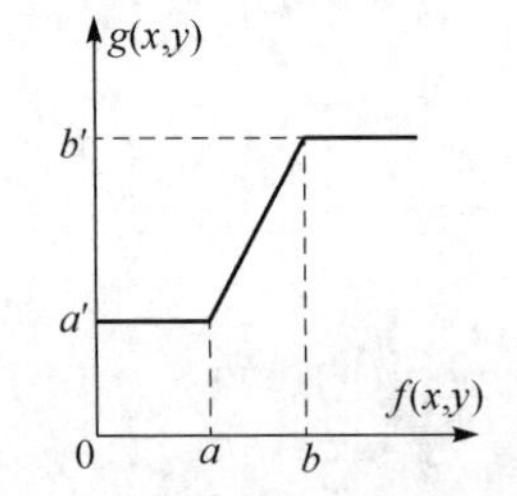

图3-5　截取式线性变换示意图

2. 分段线性变换

分段线性变换是将图像灰度分布区域分割成若干个段后分别进行线性变换。分段线性变换可以突出用户感兴趣的目标或灰度区间，抑制不感兴趣的灰度区间，使特定的细节得以增强。以三段式分段线性变换为例，有

$$g(x,y)=\begin{cases} a'+\dfrac{c'-a'}{c-a}\cdot[f(x,y)-a] & a\leqslant f(x,y)<c \\ c'+\dfrac{d'-c'}{d-c}\cdot[f(x,y)-c] & c\leqslant f(x,y)<d \\ d'+\dfrac{b'-d'}{b-d}\cdot[f(x,y)-d] & d\leqslant f(x,y)<b \end{cases} \tag{3-3}$$

式中，c、d、d'、c'由用户根据需要而定；a、b 可以通过统计而得。

3. 非线性变换

X 射线焊缝图像灰度值分布特点是焊管部分集中在灰度级较高的区域，而焊缝部分则集中在灰度级较低的区域。如果焊缝部分和焊管部分的灰度值相差较小，图像的灰度值集中分布在其中的一个区域，就需要对焊缝灰度分布图进行拉伸，使得大于平均灰度值的焊管部分灰度增大，小于平均灰度值的焊缝部分灰度变小。鉴于此特点，可以通过对图像进行非线性变换的方式予以实现。非线性变换就是利用非线性数学函数对原图像进行灰度变换，常用的非线性函数有 sin 函数、指数函数、对数函数、平方等。

1）sin 函数变换

sin 函数灰度变换曲线特征是上下波峰处变换平缓，中间变化较大。埋弧焊 X 射线焊缝图像的对比度低，灰度直方图中的灰度值大都集中在某一个特定范围。利用 sin 函数对该范围的灰度进行拉伸，使得大于平均灰度值的焊管区域灰度增大，小于平均灰度值的焊缝区域灰度变小，这样的特征对于区分焊管区域与焊缝区域的灰度值是非常有效的，sin 函数的变换方程为

$$g(x,y)=127\left\{1+\sin\left[\frac{\pi\cdot f(x,y)}{b-a}-\frac{\pi\cdot(a+b)}{2\cdot(b-a)}\right]\right\} \tag{3-4}$$

式中，$f(x,y)$ 为变换前灰度值；$g(x,y)$ 为变换后灰度值；a 为变换前最低灰度值；b 为变换前最高灰度值。sin 函数进行变换时，前后的变换灰度范围是相同的。sin 函数变换曲线如图 3-6 所示。

2）指数函数变换

指数函数变换的表达式为

$$g(x,y)=b^{c[f(x,y)-a]}-1 \tag{3-5}$$

式中，a、b、c 为调整曲线位置和形状的参数。式（3-5）的变换曲线如图 3-7 所示，这种变换对图像的高灰度区域有较大的拉伸。

3）对数函数变换

对数函数变换的表达式为

式中，a、b、c 为调整曲线位置和形状的参数。式（3-6）的变换曲线如图 3-8 所示，对数函数变换能使图像的低灰度区域拉伸，高灰度区域压缩。

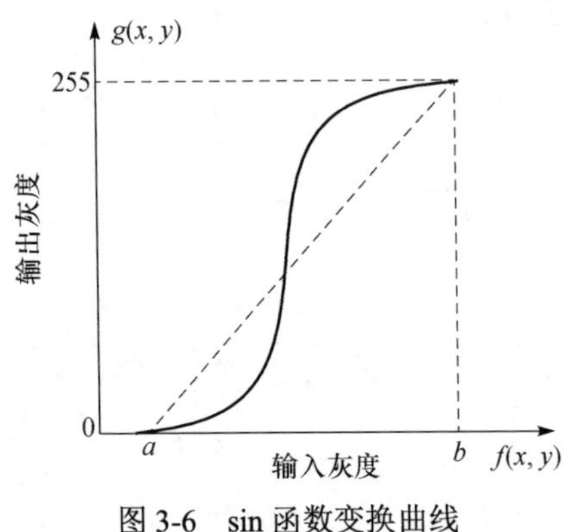

图 3-6　sin 函数变换曲线

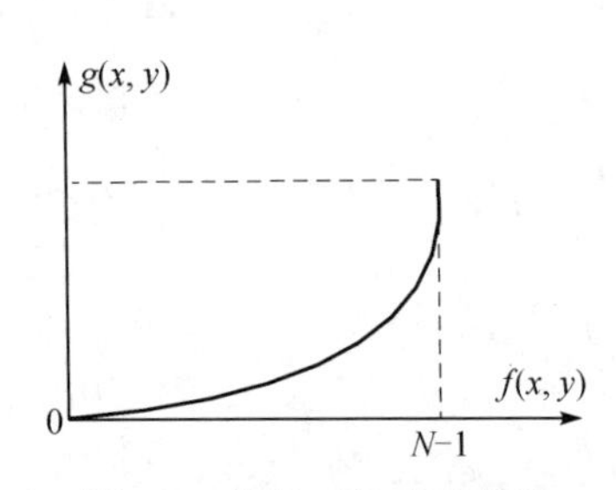

图 3-7　指数函数变换曲线

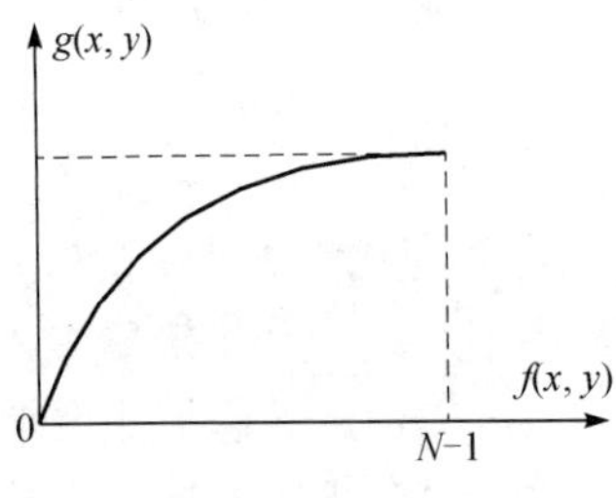

图 3-8　对数函数变换曲线

4）适用于 X 射线焊缝图像的增强方法

图像增强还有其他很多方法，如平方非线性函数变换等。但从 X 射线焊缝图像增强的角度来看，实际生产图像既有如图 3-9（a）所示的多数像素点在高亮区域的图像，也有如图 3-10（a）所示的多数像素点在低亮区域的图像。图像增强方法应该能有效地增强两类图像。从图 3-4～图 3-8 的变换曲线分析，sin 函数增强以平均灰度值为参考，具有较好的自适应性，更加适用于 X 射线焊缝图像增强。以图 3-9（a）和图 3-10（a）为例，增强前后图像及对应灰度直方图如图 3-9 和图 3-10 所示。

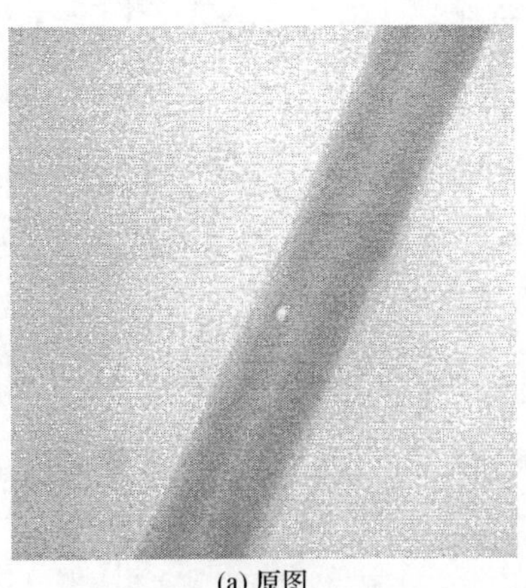

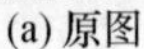
(a) 原图

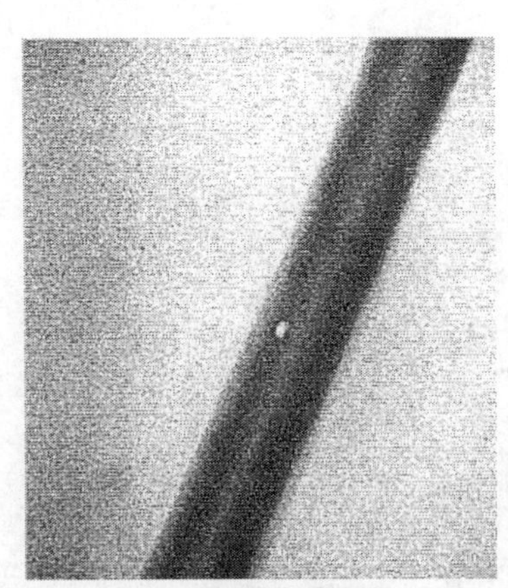

(b) sin函数增强图像

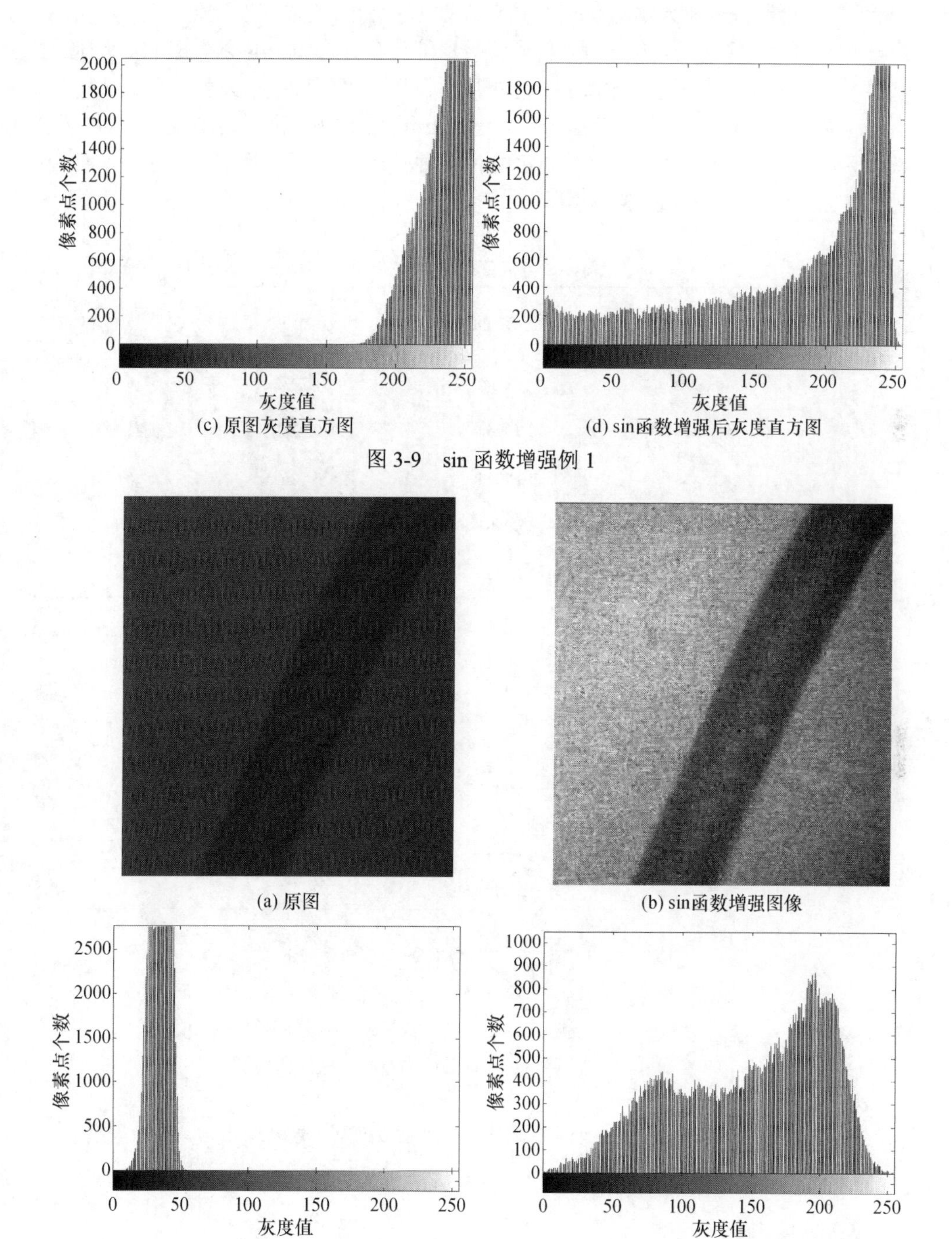

(c) 原图灰度直方图

(d) sin函数增强后灰度直方图

图 3-9　sin 函数增强例 1

(a) 原图

(b) sin函数增强图像

(c) 原图灰度直方图

(d) sin函数增强后灰度直方图

图 3-10　sin 函数增强例 2

可以发现，sin 函数增强确实可以有效地增强不同类型灰度直方图图像，增强后，焊缝区域和背景区域的对比度明显得到了改善。通过 sin 函数处理，图像的灰度从集中到某一个区域开始均衡的分布在整个灰度区间，灰度分布呈现双峰型，利于分割。随机选取 5 张焊缝图像，通过 sin 函数、对数函数、指数函数、平方非线性函数对图像的灰度值进行非线性变换，并统计变换后图像峰值信噪比，结果如表 3-4 所示，曲线如图 3-11 所示。

表 3-4　增强后图像的峰值信噪比　　（单位：dB）

图像编号	sin 函数 PSNR	指数函数 PSNR	对数函数 PSNR	平方非线性函数 PSNR
1	40.0975	5.0604	31.2232	25.2288
2	46.1208	12.0967	29.8762	24.1278
3	43.5436	10.9054	34.1267	26.0416
4	42.8019	15.2903	28.2016	23.1473
5	43.8109	13.3309	24.9812	22.6503

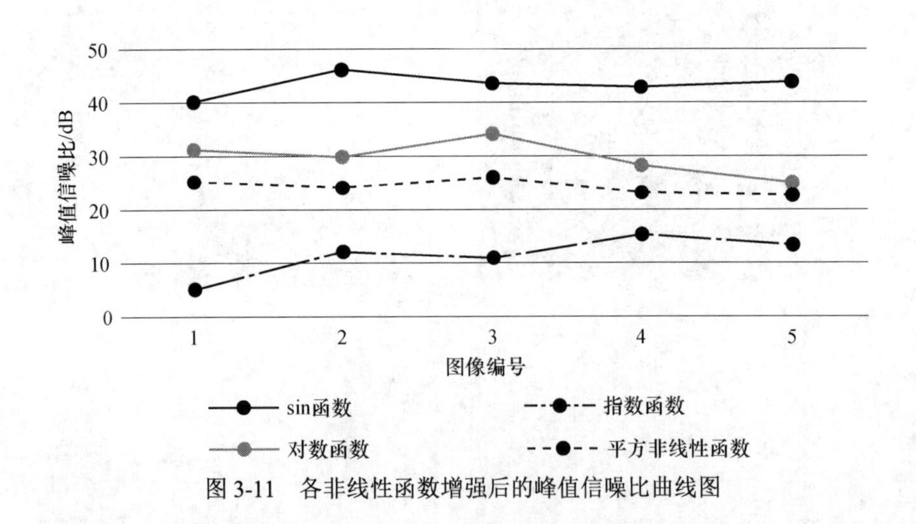

图 3-11　各非线性函数增强后的峰值信噪比曲线图

可以发现，在各种图像增强方法中，sin 函数增强是最适合 X 射线焊缝图像增强的算法。

4. 直方图均衡化

直方图均衡化实质上是对图像的灰度直方图进行非线性变换，使一定灰度范围内像素点的数量大致相同。把原始图像的灰度直方图从比较集中的某个灰度区间变成在全部灰度范围内的均匀分布。直方图均衡化就是把给定图像的直方图分布变成“均匀”分布直方图。这种变换意味着图像灰度的动态范围得到增加，图像的对比度也相应提高。

直方图均衡化对于背景和前景都太亮或者太暗的图像非常有用，尤其是可以突出曝光过度或者曝光不足图片中的细节。但这种方法处理数据时不加选择，它可能会增加背景噪声的对比度且降低有用信号的对比度。变换后图像的灰度级减少，某些细节消失。从图3-1可发现，埋弧焊X射线焊缝图像中的缺陷图像尺寸相对焊缝图像很小。直方图均衡化用于X射线焊缝图像变换，对某些X射线焊缝图像可能会使得缺陷不易区分。

3.3　图像分割

图像分割是把图像分成若干个特定的、具有独特性质的区域，并提出感兴趣目标的技术和过程。它是由图像处理到图像分析的关键步骤。现有的图像分割方法主要分以下几类：基于区域的方法、聚类法和基于边缘的分割方法。

1. 基于区域的方法

灰度阈值分割法是一种最常用的区域技术，它是图像分割中最为常见的方法。阈值分割方法实际上是输入图像f到输出图像g的如下变换：

$$g(x,y)=\begin{cases}255 & f(x,y)\geqslant T\\ 0 & f(x,y)<T\end{cases} \tag{3-6}$$

式中，T为阈值，对于物体的图像元素，$g(x,y)=255$；对于背景的图像元素，$g(x,y)=0$。

阈值分割算法的关键是确定阈值，如果能确定一个合适的阈值就可以准确地将目标图像与背景图像分割开。大津法（OSTU）是最为人所熟知的一种阈值选取方法，该方法把图像的像素按照阈值T分成C_0和C_1两类，然后分别计算C_0和C_1的类内和类间方差，选取的阈值T就是使类间方差达到最大。其依据是同一目标内部方差最小，不同目标区域间方差最大。大津法的优点是可以自动获得分割门限，并且算法很稳定，计算简单。不足之处在于，当目标区域在图像中所占面积比较小时，分割效果欠佳。虽然也有各类改进的方法，但大都以增加计算复杂度为代价。

阈值分割的优点是简单，对于直方图峰谷特性明显的图像具有较好的分割效果。缺点是对于图像中不存在明显灰度差异（直方图为宽谷或单峰）或各物体的灰度范围有较大重叠时，难以得到准确的分割结果。对于有噪声、由多个分支组成的图像效果不好。

从图 3-9 和图 3-10 的直方图可以看出，X 射线焊缝图像属于灰度差异不明显，噪声较强的图像，直接用阈值方法无论是分割缺陷还是 ROI 都存在困难。

2. 聚类法

聚类法是模式识别领域中的一种统计分析方法。它是利用已知的训练样本集，在图像的特征空间找到决策分类点、线或面，以实现对图像的分割。聚类分割不需要训练样本，是一种无监督的统计方法，但该方法需要有一个初始分割提供初始参数，初始参数对最终分类结果影响较大。而且，绝大多数划分方法是基于对象之间的距离进行聚类，这样的方法对发现球状的类是有效的，而在发现任意形状的类上会遇到困难。因此，出现了另一类基于密度的聚类方法，其主要思想是只要邻近区域的密度（对象或数据点的数目）超过某个阈值，就继续聚类。也就是说，对给定类中的每个数据点，在一个给定范围的区域内必须至少包含某个数目的点。这样的方法可以过滤“噪声”数据，发现任意形状的类，但算法计算复杂度高。而且，对于密度分布不均的数据集，往往得不到满意的聚类结果。从快速提取焊缝缺陷 ROI 的角度分析，基于聚类的方法并不适合 ROI 的分割。但其适合发现任意形状类的特点，使得它在 ROI 明确后，有利于寻找缺陷。

3. 基于边缘的分割方法

基于边缘的分割方法主要是根据区域边界的像素灰度值变化往往比较剧烈的特点，首先检测图像中的边缘点，再按一定策略连接成轮廓，从而构成分割区域。边缘检测一般分为三个步骤：①利用一些边缘检测算子检测出图像中可能的边缘点；②对有一定厚度的边缘进行复杂的边缘细化得到精确的厚度为 1 个像素的边缘；③利用边缘闭合技术得到封闭的边缘。这种处理方法中，边缘检测技术成为算法的核心。而且，基于边缘的图像分割方法的难点在于边缘检测时的抗噪性和检测精度的矛盾。若提高抗噪性，则会产生轮廓漏检和位置偏差。若提高检测精度，则噪声产生的伪边缘会导致不合理的轮廓。从图 3-9 和图 3-10 的焊缝图像所具有的强噪声来看，直接的边缘检测分割方法也难以将 ROI 快速准确的分割出来。

通过总结常见的三类图像分割方法可以得表 3-5 所示的三类图像分割方法对比。

表 3-5　三类图像分割方法对比

方法	思路	优缺点	主要方法
基于区域的方法	设定不同的阈值，将像素点分为若干类	优点：实现简单，对不同物体灰度值或其他特征值相差很大时，能有效地对图像进行分割 缺点：不适用于多通道和特征值相差不大的图像	大津法、最小误差法、矩保持法、二维最大熵法、模糊集方法等

续表

方法	思路	优缺点	主要方法
聚类法	利用已知的训练样本集，在图像的特征空间找到决策分类点、线或面实现图像分割	优点：不需要训练集 缺点：需要有一个初始分割提供初始参数，对最终结果影响较大，同时也没有考虑空间关联信息	K 均值、模糊 C 均值（fuzzy C-means）和分层聚类方法等
基于边缘的分割方法	以边缘检测的结果为图像轮廓依据，从而进行分割	优点：计算简单 缺点：不能单独使用，需要与其他分割方法一起使用	基于小面（facet）模型的区域生长法等

从几类分割方法来看，基于区域的方法适合于分割 ROI。而对于面积较小的缺陷分割，则聚类法和基于边缘的分割方法更为适合。

3.4　边缘检测

边缘检测是图像分析与识别的重要环节，在 X 射线焊缝图像缺陷检测中，无论是缺陷特征值计算还是 ROI 提取都需要进行边缘检测。边缘检测的效果会直接影响图像的分割和识别性能。在图像中，不同目标图像的灰度不同，边界处一般会有明显程度不同的边缘，这一特征可用于分割图像。但边缘和物体间的边界并不等同，边缘是图像中像素值有突变的地方，而边界是实际存在于物体之间的界限。有边缘的地方可能并非边界，有边界的地方也可能并无边缘。因为 X 射线焊缝图像在成像过程中的噪声成像质量欠佳是不可避免的重要因素，所以，基于边缘的 X 射线焊缝图像分割仍然是当前研究的一个难点。

实际的图像分割通常采用求导数的方法计算边缘，常用的有一阶导数和二阶导数方法。一阶导数适用于灰度变化较为明显的图像；二阶导数可以说明灰度突变的类型。在有些情况下，如灰度变化均匀的图像，只利用一阶导数可能找不到边界，此时二阶导数就能提供很有用的信息。对于噪声检测，二阶导数也比一阶导数相对敏感，解决的方法是先进行平滑滤波，消除部分噪声，再进行边缘检测。不过，利用二阶导数信息的算法是基于过零检测的，因此得到的边缘点数比较少，有利于后继的处理和识别工作。实际运算中的各种算子就是对导数分割原理进行的实例化计算。

1. Roberts 算子

任意一对互相垂直方向上的差分可以看成求梯度的近似方法，Roberts 算子就是利用该原理，采用的对角方向相邻两像素值之差代替该梯度值。实际应用中可用下式表示：

$$g(x,y)=\{[f(x,y)-f(x+1,y+1)]^2+[f(x,y)-f(x,y+1)]^2\}^{\frac{1}{2}} \tag{3-7}$$

式中，$f(x,y)$为原始图像；$g(x,y)$为边缘检测后图像。计算模板如图 3-12 所示。

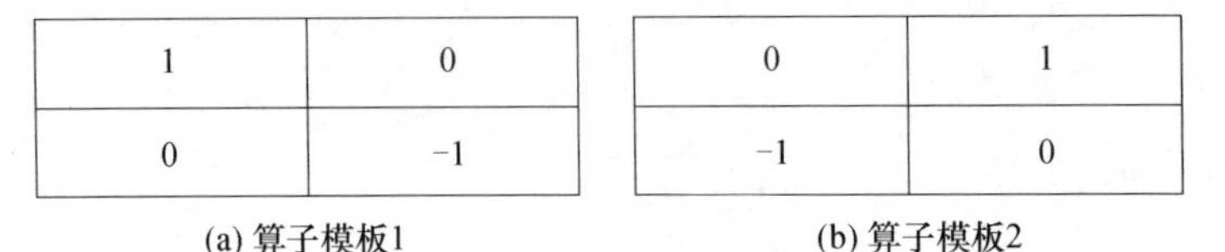

1	0
0	−1

(a) 算子模板1

0	1
−1	0

(b) 算子模板2

图 3-12　Roberts 算子模板

Roberts 算子采用对角线方向相邻两像素之差近似梯度幅值检测边缘，检测垂直边缘的效果优于斜向边缘，定位精度高，但对噪声敏感，无法抑制噪声的影响，适用于边缘明显且噪声较少的图像。经过 Roberts 算子的图像处理后，结果边缘不是很平滑，而且由于 Roberts 算子通常会在图像边缘附近的区域内产生较宽的响应，故采用该算子检测的边缘图像常需做细化处理。

2. Prewitt 算子

Prewitt 算子利用像素点上下、左右邻点的灰度差，在边缘处达到极值检测边缘，去掉部分伪边缘，对噪声具有平滑作用。其原理是在图像空间利用两个方向模板与图像进行邻域卷积来完成，这两个方向模板一个检测水平边缘；一个检测垂直边缘。定义如下：

$$
\begin{aligned}
&p_x=|[f(x-1,y-1)+f(x-1,y)+f(x-1,y+1)]-[f(x+1,y-1)+f(x+1,y)+f(x+1,y+1)]| \\
&p_y=|[f(x-1,y+1)+f(x,y+1)+f(x+1,y+1)]-[f(x-1,y-1)+f(x,y-1)+f(x+1,y-1)]| \\
&g(x,y)=p_x+p_y
\end{aligned} \tag{3-8}
$$

式中，$f(x,y)$为原始图像；$g(x,y)$为边缘检测后图像。计算模板如图 3-13 所示。

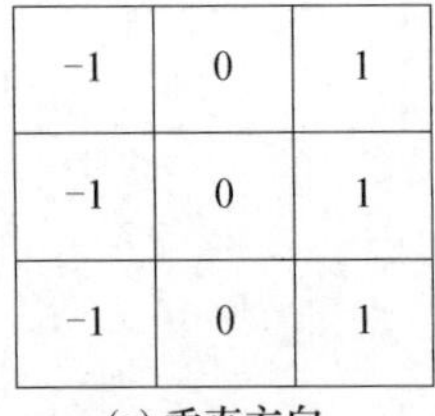

−1	0	1
−1	0	1
−1	0	1

(a) 垂直方向

−1	−1	−1
0	0	0
1	1	1

(b) 水平方向

图 3-13　Prewitt 算子模板

分析式（3-8）可知，Prewitt 算子在检测边缘的同时有像素平均的效果，因此，Prewitt 算子可以抑制噪声。但是因为像素平均相当于对图像的低通滤波，所以 Prewitt 算子对边缘的定位精度不如 Roberts 算子高。

3. Sobel 算子

Sobel 算子是一种全方位的微分算子，利用 3×3 模板对原图像像素点做卷积，计算出各方向的偏导数，然后根据在边缘点处的一阶导数可以达到极值的这一原理进行图像边缘检测。定义如下：

$$
\begin{aligned}
&p_x=[f(x+1,y-1)+2\cdot f(x+1,y)+f(x+1,y+1)]-[f(x-1,y-1)+2\cdot f(x-1,y)+f(x-1,y+1)]\\
&p_y=[f(x-1,y-1)+2\cdot f(x,y-1)+f(x+1,y-1)]-[f(x-1,y+1)+2\cdot f(x,y+1)+f(x+1,y+1)]\\
&g(x,y)=\sqrt{p_x^2+p_y^2}
\end{aligned}
\tag{3-9}
$$

式中，$f(x,y)$为原始图像；$g(x,y)$为边缘检测后图像。计算模板如图 3-14 所示。

1	2	1
0	0	0
−1	−2	−1

(a) 水平方向

−1	0	1
−2	0	2
−1	0	1

(b) 垂直方向

图 3-14　Sobel 算子模板

在进行图像边缘检测时，Sobel 算子首先利用两个方向模板对每个像素点的灰度值进行邻域卷积，得到水平方向和垂直方向上的卷积值，便可知该像素点在两个方向上的边缘强度。Sobel 算子和 Prewitt 算子都是采用加权平均，但是 Sobel 算子中邻域的像素对当前像素产生的影响不是等价的，因此距离不同的像素具有不同的权值，对算子结果产生的影响也不同。一般情况下，距离越远，产生的影响越小。

4. Laplace 算子

Laplace 算子是一种各向同性二阶微分算子，图像边缘检测的 Laplace 算子模板如图 3-15 所示。

0	1	0
0	−4	1
0	1	0

(a) 离散模板

1	1	1
1	−8	1
1	1	1

(b) 扩展模板

图 3-15　Laplace 算子模板

因为 Laplace 算子符合降制模型，所以 Laplace 算子用来改善因扩散效应的模糊特别有效。但很少有其原始形式用于边缘检测的报道，这是由于作为一个二阶导数，Laplace 算子对噪声具有无法接受的敏感性。Laplace 算子在分割中所起的作用主要是利用它的零交叉性质进行边缘定位和确定一个像素是在一条边缘暗的一面还是亮的一面。对于 X 射线焊缝图像这类具有强噪声的图像而言，直接用其进行边缘检测的报道几乎没有。

5. Canny 算子

Canny 算子有较好的实际分割效果，但它实现过程较为烦琐。Canny 算子是一个具有滤波、增强、检测的多阶段的优化算子，包括以下步骤。

（1）step1：用高斯滤波器平滑图像。

（2）step2：用一阶偏导的有限差分计算梯度的幅值和方向。

（3）step3：对梯度幅值进行非极大值抑制。

（4）step4：用双阈值算法检测和连接边缘。

（5）step5：利用滞后技术跟踪边缘。

Canny 算法包含许多可以调整的参数，它们将影响到算法的计算时间与实效。首先，高斯滤波器的大小将会直接影响 Canny 算法的结果。较小的滤波器产生的模糊效果也较少，这样可以检测较小、变化明显的细线；较大的滤波器产生的模糊效果也较多，这样带来的结果就是对于检测较大、平滑的边缘更加有用。其次，使用双阈值比使用一个阈值更加灵活，但是它还是有阈值存在的共性问题。设置的阈值过高，可能会漏掉重要信息；阈值过低，将突出噪声信息，很难给出一个适用于所有图像的通用阈值。目前，还没有一个经过验证自适应方法来实现阈值的选取，更多的是各种针对实际问题的启发式方法。

6. 边缘检测总结

总结这些常见的边缘检测方法可以得出表 3-6 所示的边缘检测方法对比。

表 3-6　边缘检测方法对比

算子	思路	优点	不足
Roberts 算子	利用对角线方向相邻两像素之差近似梯度幅值检测边缘	定位精度高	对噪声敏感
Prewitt 算子	利用像素点上下、左右邻点的灰度差，在边缘处达到极值检测边缘	可以抑制噪声，相当于对图像的低通滤波	边缘的定位精度不足
Sobel 算子	利用 3×3 模板作为核与像素临域做卷积加权运算，计算出各方向的偏导数，然后根据在边缘点处的一阶导数可以达到极值的这一原理进行图像边缘检测	可以抑制噪声，相当于加权滤波	边缘较宽，间断点较多
Laplace 算子	根据阶跃状的边缘，二阶导数在边缘点出现零交叉，并且根据边缘点两旁的像素的二阶导数异号来判断边缘	各向同性、线性、位移不变，对细线和孤立点效果较好	对噪声敏感，一般只考虑边缘点位置而不考虑灰度差
Canny 算子	综合利用多种方法，以一阶导数确定边缘点	高定位精度、低误判率、抑制虚假边缘	计算复杂，需进行参数调整

X 射线焊缝图像的特点是成像质量差别大、噪声强。提取 ROI 时不同于缺陷检测，对精度要求相对较低。因此，ROI 边缘检测算法应具有鲁棒性强，降噪效果好的特点。对比各类边缘检测算法，Sobel 算子能较好地实现 X 射线焊缝图像 ROI 的边缘检测。

以图 3-16（a）为例，各种边缘检测的结果如图 3-16（b）~（f）所示。

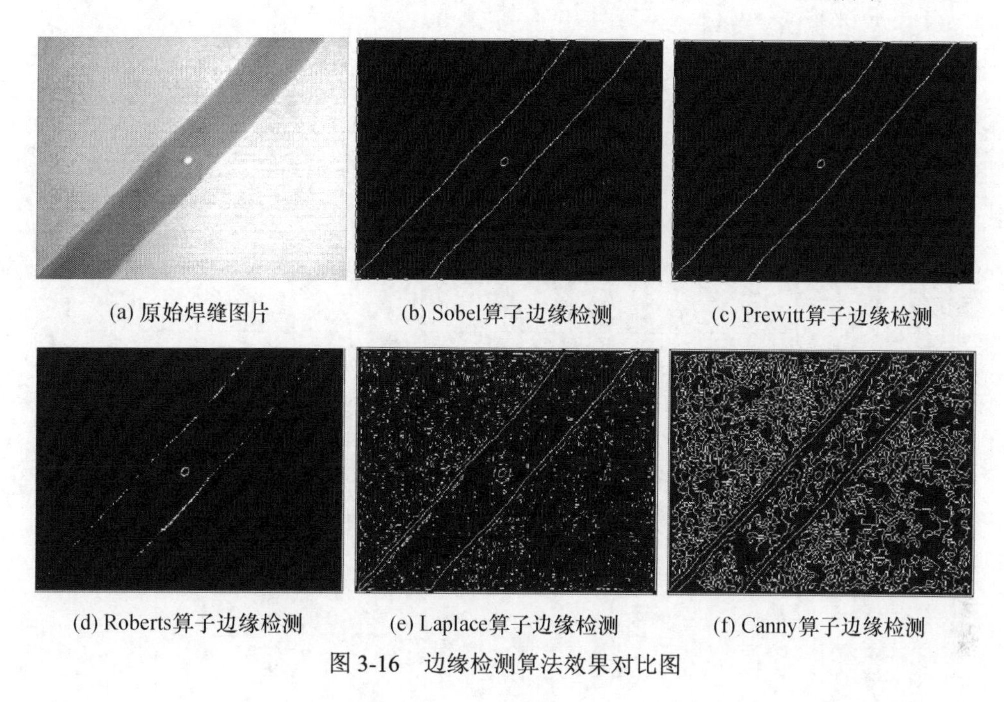

(a) 原始焊缝图片　(b) Sobel算子边缘检测　(c) Prewitt算子边缘检测

(d) Roberts算子边缘检测　(e) Laplace算子边缘检测　(f) Canny算子边缘检测

图 3-16　边缘检测算法效果对比图

可以看出，Roberts 算子检测到的边缘出现较多中断的情况；Laplace 算子和 Canny 算子则保留了过多的细节，产生了很多伪边缘，原因在于这两种算法对于噪声比较敏感；而 Sobel 算子和 Prewitt 算子均有较好表现。

一般来说，边缘检测的结果可以用 Abdou-Pratt 品质因数进行评价，其表达式为

$$F=\frac{1}{\max(L_a,L_b)}\sum_{k=1}^{L_d}\frac{1}{1+ad^2(k)} \tag{3-10}$$

式中，L_a 和 L_d 分别表示实际边缘数和检测到的边缘数；d 表示实际边缘到检测边缘的距离；a 为惩罚系数（在这里取 1/9）。F 越大则表示边缘检测精度越高。

本书随机选取了均值滤波后，信噪比在 40～50dB 的 10 张图片进行实验，图 3-17 显示了 Sobel 算子和 Prewitt 算子在该信噪比变化区间内的 Pratt 品质因数的变化情况，从图中可以看出，Sobel 算子的检测结果要明显优于 Prewitt 算子。

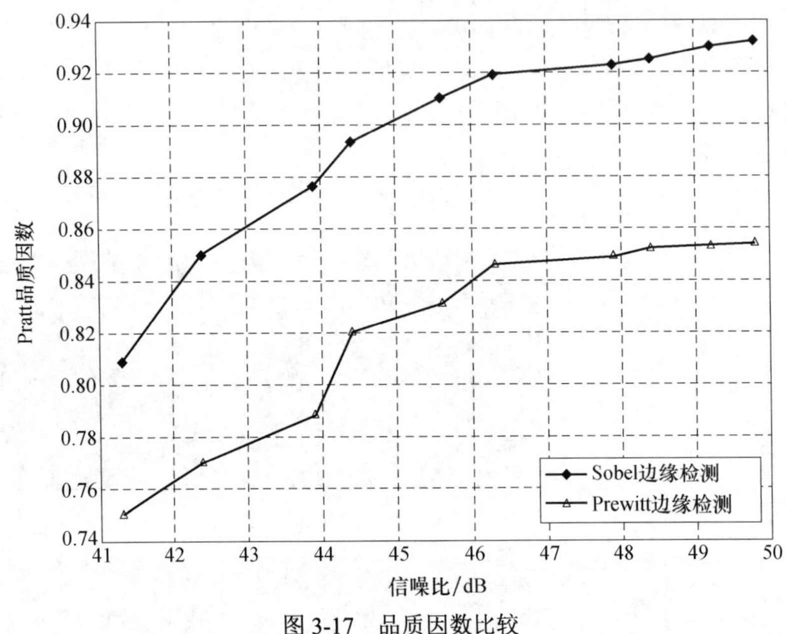

图 3-17　品质因数比较

究其原因在于 Sobel 算子对像素位置的影响做了加权，可以降低边缘模糊程度，能较好地实现针对 X 射线埋弧焊焊缝图像 ROI 的边缘检测，故对 X 射线焊缝图像而言，Sobel 边缘检测算法是较好的选择。

3.5　ROI 提取

X 射线焊缝图像背景起伏，将 ROI 分割出来，是进一步判断是否存在缺陷的重要中间环节。

分析 X 射线焊缝图像可知，焊缝与钢管在 X 射线图像上呈现出完全不同的灰度，因此可以考虑用基于区域的方法（阈值分割）获得焊缝区域。但实际焊缝图像灰度值差别很大，用固定阈值的方式很难对各 X 射线焊缝图像准确分割。在各种分割算法中，大津法可以自动获得分割门限，计算稳定、简单，具有较强的自适应能力，其具体的步骤如下。

（1）求出焊缝图像中灰度值为 i 的各像素点数 n_i。

（2）在计算出总像素点个数 N 的基础上，求出灰度值为 i 的点在总像素数中的概率 $p_i = \dfrac{n_i}{N}$。

（3）选定一个初始阈值 k。

（4）求出被 k 值分割后的两类像素点的概率 ϖ_0 和 ϖ_1：

$$\begin{aligned}\varpi_0 &= \sum_{i=1}^{k} p_i = \varpi(k)\\ \varpi_1 &= \sum_{i=k+1}^{m} p_i = 1-\varpi(k)\end{aligned} \tag{3-11}$$

求出两类像素点的平均灰度值 μ_0 和 μ_1：

$$\begin{aligned}\mu_0 &= \sum_{i=1}^{K} \frac{i \cdot p_i}{\varpi_0}\\ \mu_1 &= \sum_{i=k+1}^{m} \frac{i \cdot p_i}{\varpi_1}\end{aligned} \tag{3-12}$$

（5）求两组灰度间的类间方差 $\delta_{\mathrm{B}}^2(k)$：

$$\begin{aligned}\delta_{\mathrm{B}}^2(k) &= \varpi_0(\mu_0-\mu)^2+\varpi_1(\mu_1-\mu)^2\\ &= \varpi_0\varpi_1(\mu_1-\mu_0)^2 = \frac{[\mu\cdot\varpi(k)-\mu(k)]^2}{\varpi(k)(1-\varpi(k))}\end{aligned} \tag{3-13}$$

式中，μ为图像的平均灰度。

（6）利用遍历的方式求取当 $\delta_{\mathrm{B}}^2(k)$ 为最大值时的 k_{opt}。

通过以上算法得出的 k_{opt} 即为分割所求阈值，该方法属于具有较强自适应能力的全局分割算法。但分析大津法也可以发现，当图像的灰度直方图集中在某一个区域时，通过求 $\delta_{\mathrm{B}}^2(k)$ 最大值解得的 k_{opt} 有可能不能满足实际分割需求。分别利用大津法对图 3-18（a）和图 3-19（a）进行分割处理，结果如图 3-18（b）和图 3-19（b）所示。

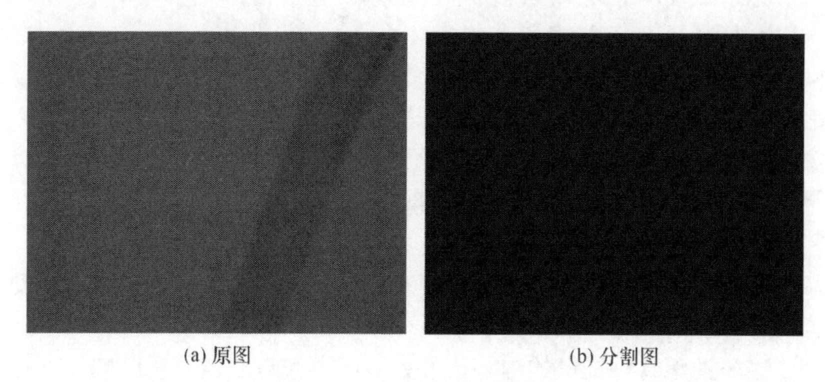

(a) 原图　　(b) 分割图

图 3-18　大津法分割算例 1

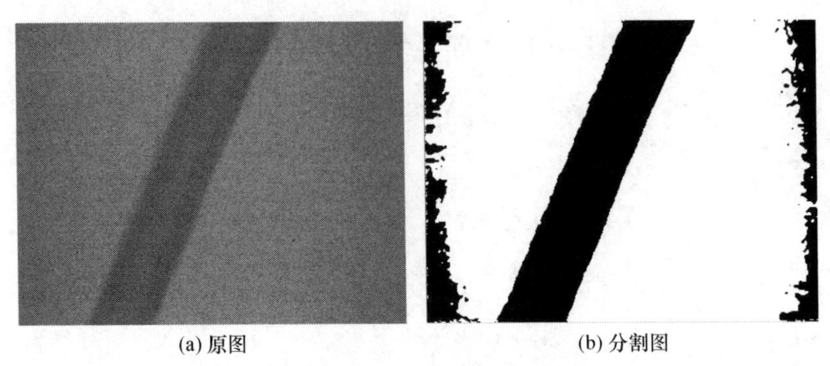

(a) 原图　　(b) 分割图

图 3-19　大津法分割算例 2

可以发现，对于对比度较为明显的焊缝图像，大津法可以较好地获得焊缝区域，但对于对比度较弱的 X 射线焊缝图像，直接利用大津法无法获得理想的分割效果。

为了使提取 ROI 的算法具有较好的鲁棒性，并实现对 ROI 进行定量分析（即确定焊缝两条边缘的参数），可以首先利用 3.2 节介绍的 sin 函数增强提高原始图像的对比度，然后利用大津法进行分割，最后通过 Sobel 边缘检测和 Hough 变换获得焊缝边缘参数。提取 ROI 的具体算法如下。

（1）利用均值滤波对焊缝图像进行降噪处理。

（2）利用大津法进行分割处理。

（3）利用 Sobel 算子计算图像边缘。

（4）利用 Hough 变换提取焊缝边缘。

（5）判断是否获得了焊缝边缘，如果获得，转第（7）步；如果没有检测到焊缝边缘，转第（6）步。

（6）利用式（3-4），通过 sin 函数对图像进行增强处理后，转步骤（1）。

（7）记录 2 条焊缝边缘线的斜率 k_1 和 k_2，以及截距 b_1 和 b_2。

其中，第（5）步判断是否获得焊缝边缘的方法如下。

（1）计算 Hough 变换获取的两条直线（$y_1=k_1x+b_1; y_2=k_2x+b_2$）。

（2）计算 $k_1-k_2<\text{eps}$，为真则是获得了焊缝边缘；为假则是未获得焊缝边缘。

其中，eps 为误差值，一般小于 0.01。从实际焊缝图像来看，两条焊缝边缘应大致平行，因此解出的两条焊缝边缘的斜率也应大致相等。并可以以此判断是否确定了真正的焊缝边缘——ROI。

利用上述算法分别对图 3-18（a）和图 3-19（a）所示的图像进行处理，所得的图像及计算出的焊缝边缘如图 3-20 和图 3-21 所示。

利用某石油钢管厂提供的焊接数据库对各种图像质量的焊缝图片进行 ROI 提取算法实验。图 3-22（a）、图 3-23（a）和图 3-24（a）为部分图像质量特殊

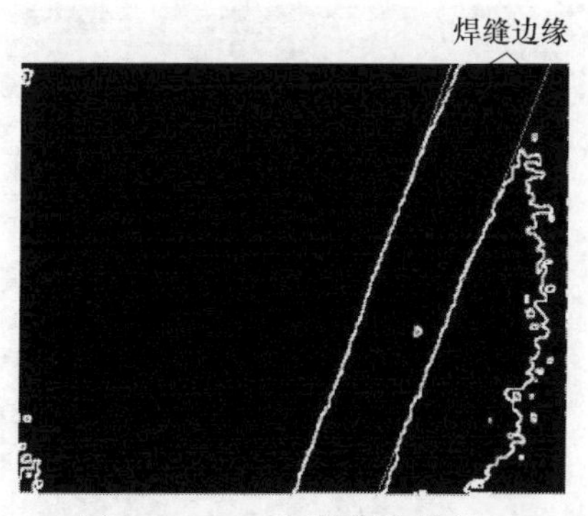

图 3-20　ROI 区域提取算例 1

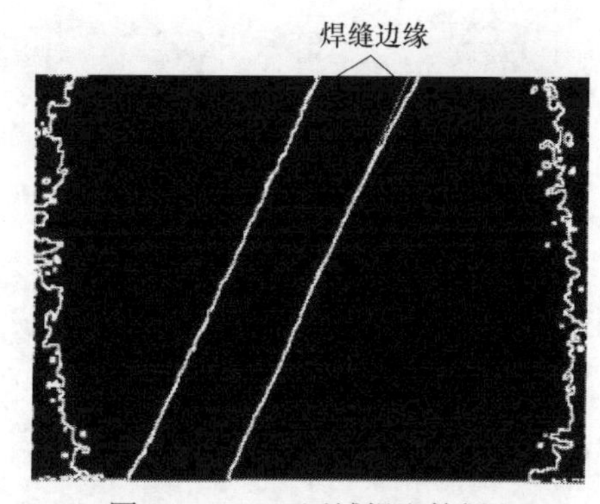

图 3-21　ROI 区域提取算例 2

的 X 射线焊缝图像，ROI 的提取结果和边界线如图 3-22（b）、图 3-23（b）和图 3-24（b）所示。对焊接数据库内 900 余张已有的各种图像质量 X 射线焊缝图像进行的实验表明，本书给出的 ROI 提取算法的成功率为 100%。

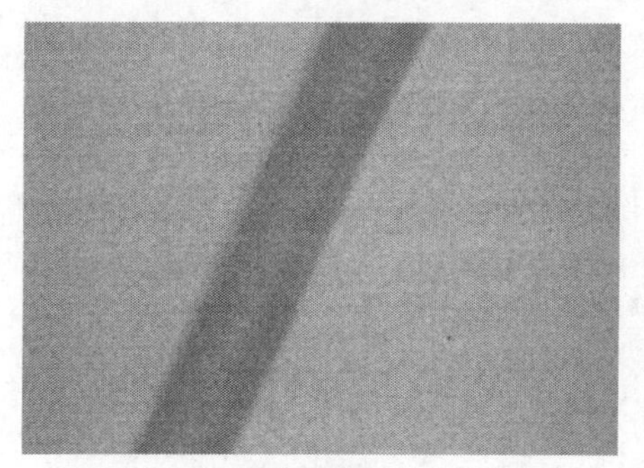

(a) 原图

(b) 分割图

图 3-22　ROI 区域提取算例 3

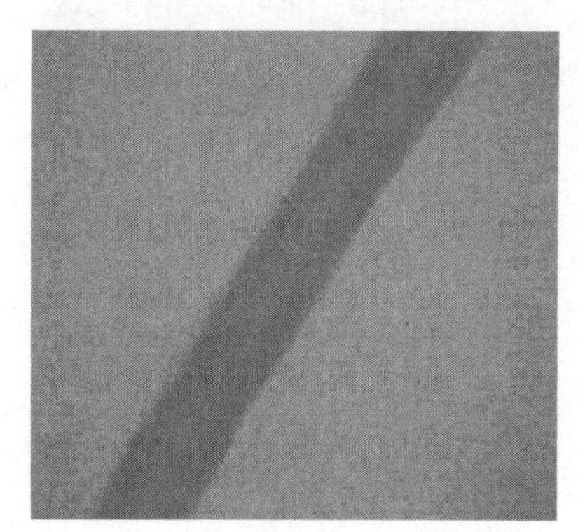

(a) 原图

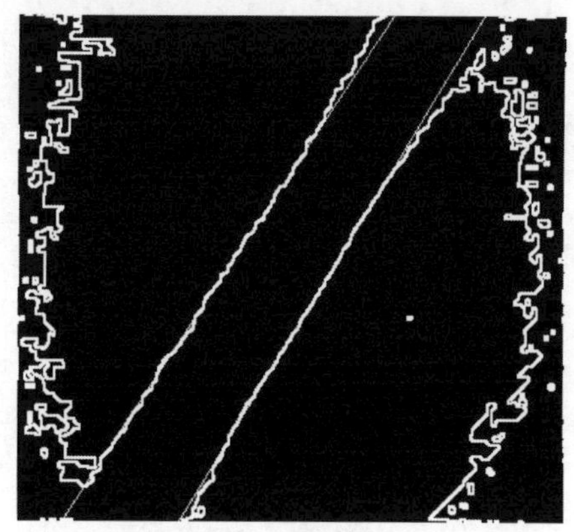

(b) 分割图

图 3-23　ROI 区域提取算例 4

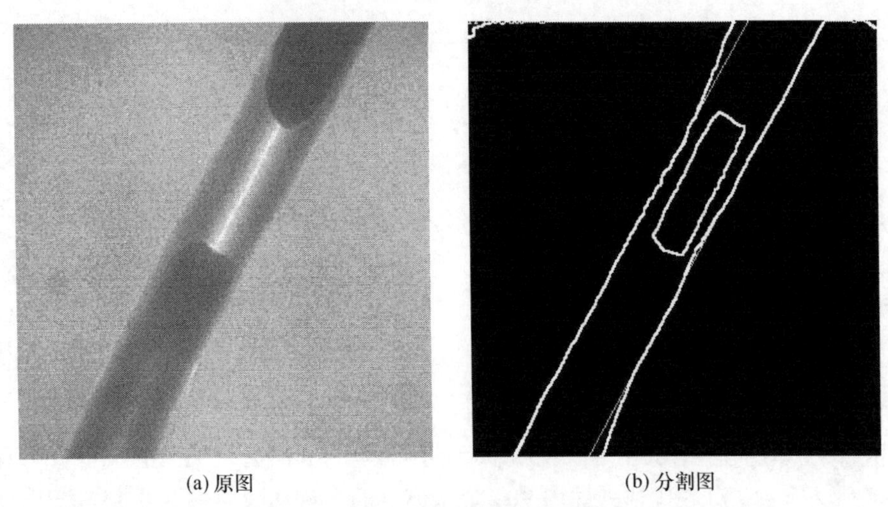

(a) 原图　　(b) 分割图

图 3-24　ROI 区域提取算例 5

3.6　本 章 小 结

对于 X 射线焊缝图像的处理，均值滤波的效果优于其他常见的滤波算法。Sobel 算子边缘检测的效果优于其他边缘检测算子。sin 函数图像增强从实际图像增强效果来看，是目前针对 X 射线焊缝图像效果最佳的增强算法。利用均值滤波、sin 函数图像增强、Sobel 算子边缘检测及 OSTU 分割方法，可以准确地实现 X 射线焊缝图像 ROI 的提取，成功率可达 100%。

第 4 章　疑似缺陷分割

4.1　形态学膨胀及腐蚀

数学形态学实质上是一种非线性滤波方法。形态学和、差运算（膨胀与腐蚀）是数学形态学最为基础的运算。数学形态学的方法可以解决抑制噪声、提取特征、检测边缘和分割图像等图像处理问题。数学形态学最初主要用于处理二值图像，它将二值图像看成是集合，并通过结构元素来探测。形态学中的结构元素是一个可以平移，且尺寸较小的图像集合。基本的数学形态学运算是将结构元素在图像上平移，并进行交、并等基本的集合运算。二值图像的形态膨胀与腐蚀可转化为集合的逻辑运算，算法简单，适于对二值图像进行图像分割、细化、抽取骨架、边缘提取、形状分析等操作。因此，在分割 SDR 时，可以通过形态学的方法降低噪声干扰，提高分割的准确性。形态学中包括两种最基本的操作——膨胀和腐蚀。需要说明的是，膨胀和腐蚀是对二值化图像高亮部分而言，而不是黑色部分。膨胀是对图像中的高亮部分进行膨胀，使处理后的图像拥有较原图大的高亮区域；腐蚀是原图中的高亮部分被腐蚀，处理后图像拥有较原图小的高亮区域。

1. 膨胀

腐蚀可以看作将图像 Y 中的每一个与结构元素 S 完全相同的子集 $S[y]$收缩为 y。反之，若将 Y 中每一个点 y 扩展为 $S[y]$，则将其定义为膨胀，记为

$$Y \oplus B = \{y : S(y) \cap Y \neq \phi\} \tag{4-1}$$

式中，B 为结构元素。

以图 4-1（a）为例，结构元素如图 4-1（b）所示，腐蚀结果如图 4-1（c）所示。

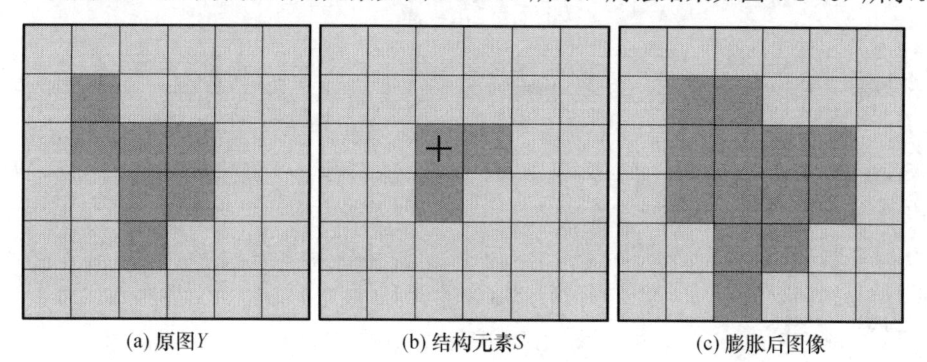

(a) 原图Y　　(b) 结构元素S　　(c) 膨胀后图像

图 4-1　膨胀算例

2. 腐蚀

给定目标图像 Y 和结构元素 S，设 S 在 Y 上移动，在每一个位置 y 处，$S[y]$ 有三种可能：

条件 1： $S[y] \subseteq Y$

条件 2： $S[y] \subseteq Y_c$

条件 3： $S[y] \cap Y \neq \phi \,\&\, S[y] \cap Y_c \neq \phi$

其中，Y_c 为 Y 的补集。

满足条件 1 的点 y 构成 S 与 Y 的最大相关点集。这个点集为 S 对 Y 的腐蚀，记为

$$Ys\Theta S = \{y \mid S[y] \subseteq Y\} \tag{4-2}$$

以图 4-2（a）为例，结构元素如图 4-2（b）所示，腐蚀结果如图 4-2（c）所示。

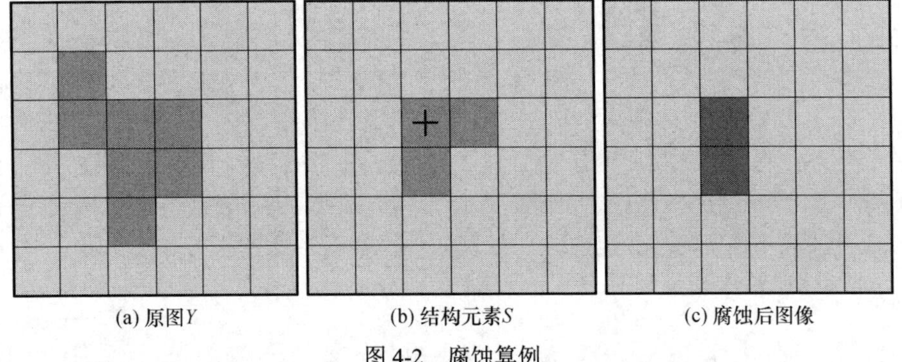

(a) 原图Y　　(b) 结构元素S　　(c) 腐蚀后图像

图 4-2　腐蚀算例

可以发现，对二值化后的 X 射线焊缝图像，通过选择合适的结构元素进行腐蚀或膨胀的操作，可以起到消除噪声和突出缺陷的作用。

4.2　传统缺陷分割

为了准确地识别焊缝图像中的缺陷，需要将缺陷尽可能准确地分割，提取 SDR，然后利用各种分类方法确定 SDR 是否为真实缺陷。通过分析焊缝图像可知，焊缝缺陷有着较为明显的图像特征，而且缺陷的灰度值和钢管的灰度值大致相等。可以考虑通过区域分割（阈值分割）的方法来分割缺陷。

首先采用应用广泛的大津法对焊缝图像进行分割实验，图 4-3（a）、图 4-4（a）、图 4-5（a）和图 4-6（a）为 X 射线焊缝图像的原图，图 4-3（b）、图 4-4（b）、图 4-5（b）和图 4-6（b）为 OSTU 分割结果。在本书中，如无特殊说明，二值分割图像后的缺陷均以高亮形式显示。

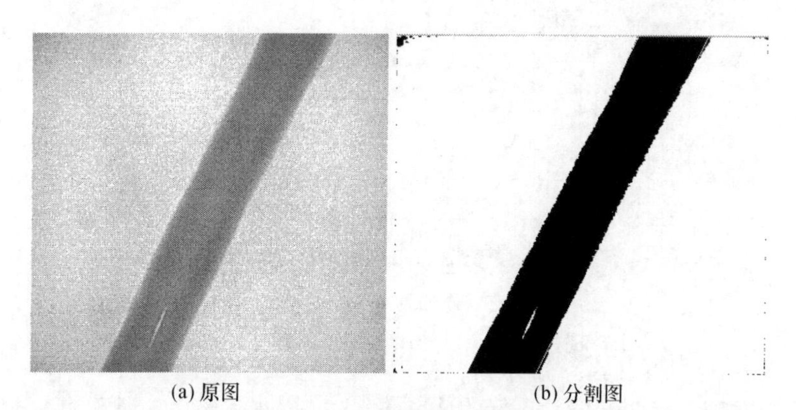

(a) 原图　　(b) 分割图

图 4-3　大津法分割缺陷算例 1

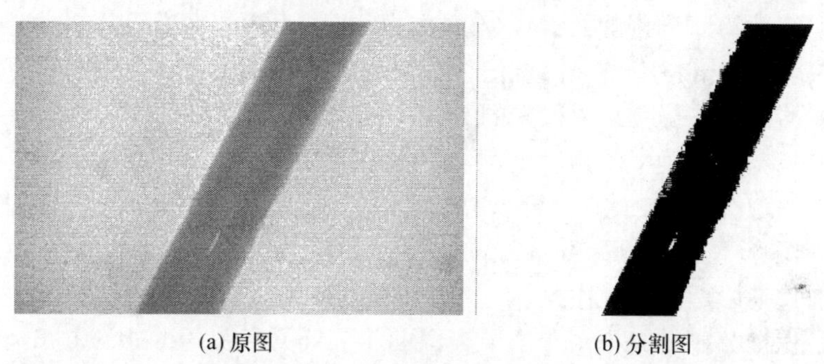

(a) 原图　　(b) 分割图

图 4-4　大津法分割缺陷算例 2

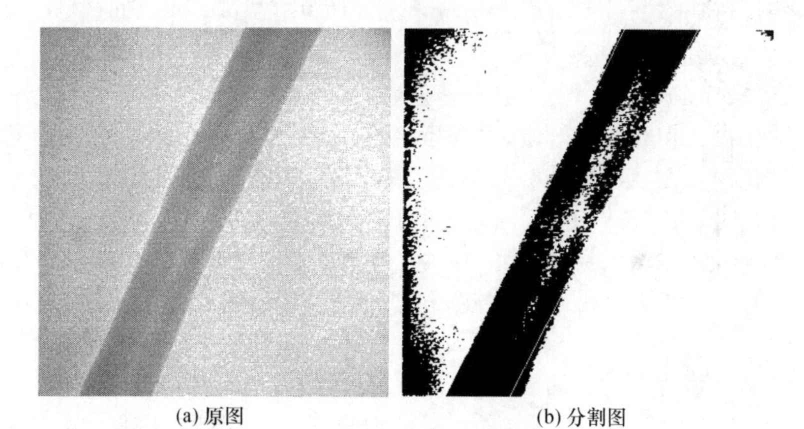

(a) 原图　　(b) 分割图

图 4-5　大津法分割缺陷算例 3

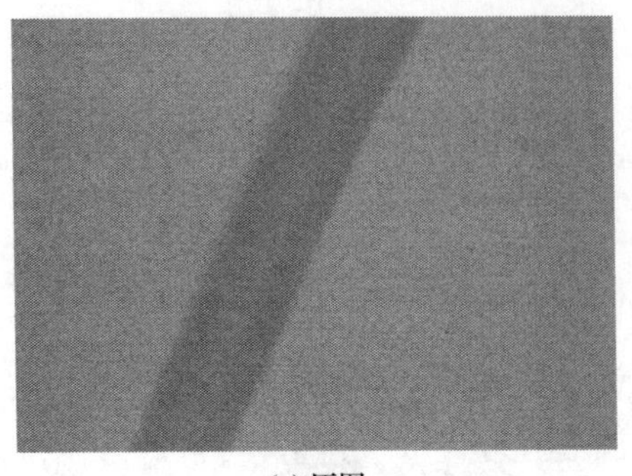
(a) 原图

(b) 分割图

图 4-6　大津法分割缺陷算例 4

可以发现，在图像条件良好的情况下（如图 4-3 和图 4-4 所示），采用大津法在 ROI 明确的情况下可以将缺陷分离出来。但当图像质量不佳时（如图 4-5 和图 4-6 所示），大津法分割的效果也欠理想。而且，大津法在进行分割时，仅仅考虑图像的灰度信息，没有考虑图像的位置信息，特别是没有计及缺陷的边缘信息。此时，根据大津法分割结果取得的 SDR 可识别性也较差。

从提高分割准确率的角度出发，不能采用单纯的边缘分割，还需要在分割时引入图像的边缘信息。此时，可以考虑利用 Sobel 算子首先对焊缝图像进行处理，既抑制图像噪声，又尽可能地突出缺陷，然后再利用大津法对图像的 ROI 进行分割，以便使缺陷边缘凸显出来。

为了保证分割结果不至于出现类似图 4-5（b）和图 4-6（b）中完全无法判断的分割效果。可以事先通过遍历焊接数据库中的每一张图片，在分割前通过先验知识获得焊缝缺陷的最大面积（S_{max}）和最小面积（S_{min}）。本书通过如图 4-7 所示的算法对 ROI 进行分割实验。

以图 4-5（a）为例，大津法无法确定缺陷，但在利用图 4-7 所示算法处理后，处理结果如图 4-8 所示，缺陷被凸现出来，以此为基础取得的 SDR 也具有较强的可识别性。对比图 4-8 和图 4-5（b）可以发现，图 4-7 所示算法在进行 X 射线焊缝缺陷分割时，可以在一定程度上弥补区域分割（大津法）在缺陷分割方面的不足。

但对于噪声较大的焊缝图片，图 4-7 所示算法也难以实现对缺陷的准确分割。以图 4-9（a）为例，按图 4-7 所提算法处理后结果如图 4-9（b）所示，难以截取缺陷 SDR。

为了进一步提高检测的准确性，可以将区域分割（大津法）和边缘检测的方法综合使用，此时可以在图 4-7 所示算法的基础上采用如图 4-10 所示的缺陷分割算法。图 4-10 中，“Sobel 算子结合大津法缺陷分割算法”即图 4-7 所示算法。在图 4-10 所提算法中，对大津法分割的结果进行形态学的膨胀处理主要是为了放大可能的缺陷，防止漏检情况的发生。

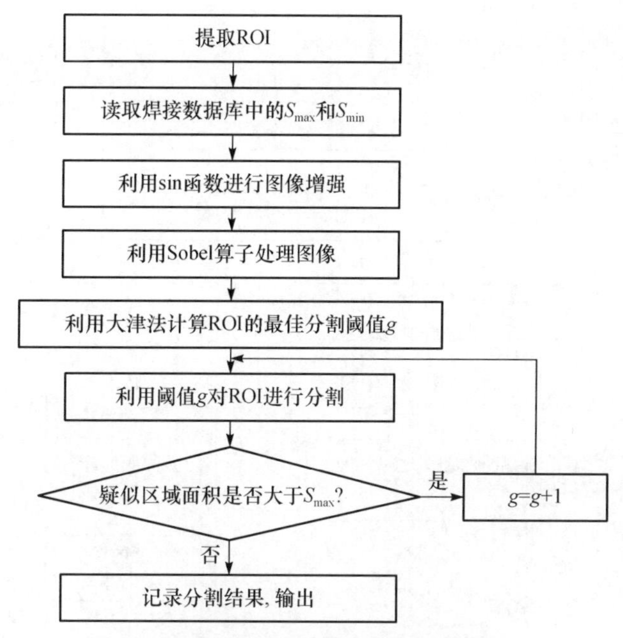

图 4-7　Sobel 算子结合大津法缺陷分割算法

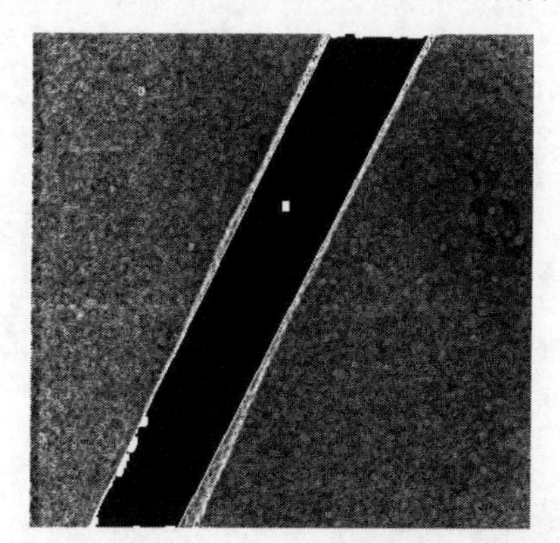

图 4-8　Sobel 算子结合大津法缺陷分割算法算例 1

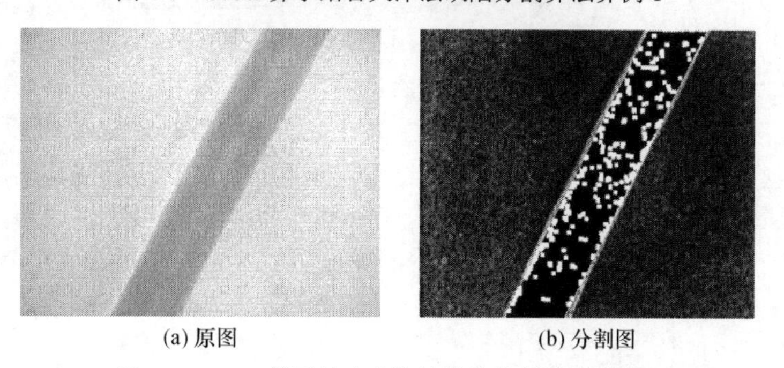

(a) 原图　　(b) 分割图

图 4-9　Sobel 算子结合大津法缺陷分割算法算例 2

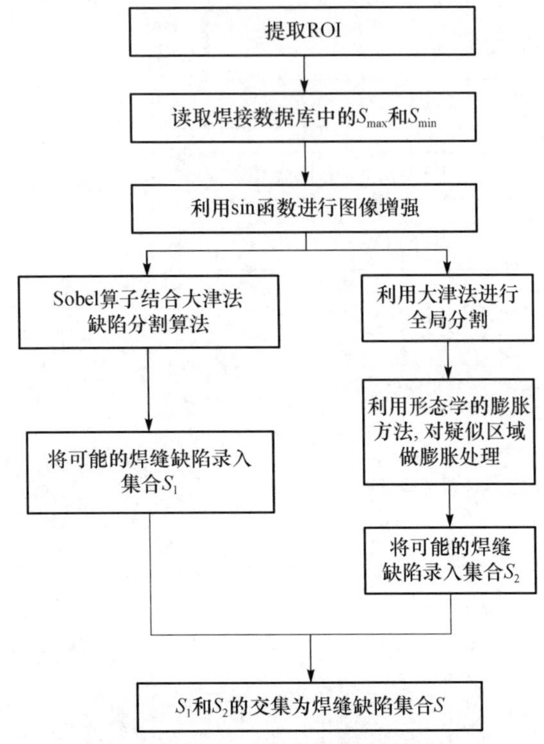

图 4-10　基于大津法的组合缺陷区域分割算法

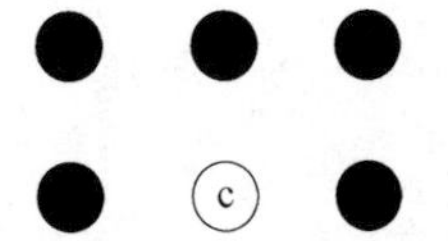

图 4-11　结构元素

由 4.1 节介绍可知，形态学的膨胀是将与物体接触的所有背景点合并到该物体中，使边界向外部扩张的过程。可以用来填补物体中的空洞。本书选定的结构元素如图 4-11 所示，图 4-11 中的空心圆为原点。

图 4-10 所提算法中，将两种方法分割后的结果做交集运算是为了防止发生误判。这是由于 X 射线焊缝图像的一个重要特点就是有很多颗粒状噪声。在经过边缘检测后，虽然利用到了缺陷的边缘信息，但这些黑色的颗粒状噪声周围的像素点的灰度值也会随之升高，再经过大津法分割处理后，这些黑色的颗粒状噪声也会呈现出高亮的形态。其大小也吻合数据库中缺陷大小的标准，计算机难以判断。但焊缝图像在未经边缘检测直接采用大津法分割处理时，这些黑色的颗粒噪声不会呈现出高亮，因此图 4-10 所示算法中，S_1 和 S_2 的交集运算针对了 X 射线焊缝图像的特点，既有很好的降噪作用，又可以充分利用图像的边缘信息。

利用图 4-10 所提算法，对现场采集的不同钢管的 99 张 X 射线焊缝图像进行实验计算，计算结果的混淆矩阵（confusion matrix）见表 4-1。

表 4-1　基于大津法的组合缺陷区域分割算法分割效果

图片类型＼分割结果	分割出缺陷	未分割出缺陷
存在缺陷图片	56 真正（true positive，TP）	22 假负（false negative，FN）
不存在缺陷图片	4 假正（false positive，FP）	17 真负（true negative，TN）

从表 4-1 可以发现，在对传统算法进行组合和改进后，算法可以分割出大多数情况下的缺陷。这是在算法和参数完全无人工调整的情况下获得的。在实验计算前，并不预设图片是否含有缺陷，分割结果直接和现场操作人员判断结果做比对以确定图片是否正确分割出缺陷。

但是，从现场实际生产的角度出发，表 4-1 所示的分割成功率依然需要进一步提高。

4.3　基于聚类的缺陷分割

空间聚类是通过将空间目标划分成具有一定意义的若干簇，使每一簇内空间目标具有最大相似度，从而实现对目标的划分。特别是基于密度的聚类，在数据挖掘领域吸引了众多专家的注意。

基于密度的聚类算法以 DBSCAN 算法为代表，它利用类的高密度连通性，可以自动搜索出任意形状的类。其基本思想是对于一个类中的每个对象，在其给定半径的领域中包含的对象不能少于某一给定的最小数目。聚类方法可以搜索任意形状的图像，其原理可以描述为被研究的样本集为 E，类 C 定义为 E 的一个非空子集，即 $C \subset E \,\&\, C \neq \phi$ 。

聚类就是满足下列两个条件的类 $C_1, C_2, \cdots, C_k$ 的集合。

（1）$C_1 \cup C_2 \cup \cdots \cup C_k = E$ 。

（2）$C_i \cap C_j = \phi$（对任意 $i \neq j$）。

由第一个条件可知，样本集 E 中的每个样本属于且仅属于一个类。在图像分割中，所有像素点构成了样本集 E。

目前，基于区域的分割方法大多是基于图像的灰度分布直方图进行的。在有强噪声的情况下，基于区域的分割方法效果往往欠佳。这是由于噪声的干扰，直方图中的目标与背景相互重叠，理论上直方图已经无法区分了。实际上 X 射线焊缝缺陷图像像素与其邻域像素的相关性很大，因此在分割时不仅要考虑像素点本身的信息，还需要用到邻域像素点，设置邻域区域的信息，使直方图中重叠的部分得以分开。基于聚类分割的方法，在分割图像时，同时考虑像素点本身及邻域像素点的信息，可以分割具有强噪声的图像，而埋弧焊 X 射线焊缝图像恰恰具有较强噪声。

实际上，X 射线焊缝图像的每一个像素点的灰度值都有可能是不同的，而且在[0,255]变化。因此，基于密度聚类的图像分割处理不同于传统的聚类，可以直接确定任意一个簇的密度。从实际分割的角度出发，可以认为属于一类的像素点的灰度值可能并不完全相同。但属于一类的像素点的灰度值是近似相等的，并且是可以直接连接的。

借鉴计算几何学的思路，首先给出如下“灰度密度”的定义：

$$\mathrm{Density}_i = \frac{\sum_{j \in R_i} \mathrm{Gray}_j}{N_i} \tag{4-3}$$

式中，$\mathrm{Density}_i$ 为点 i 的灰度密度；R_i 为点 i 的邻域；N_i 为 R_i 中像素点的个数；Gray_j 为点 j 的灰度值。

显然，$\mathrm{Density}_i$ 的值和 R_i 的形状及大小有关。

X 射线焊缝图像聚类分割的目标是将所有空间上邻近且空间局部灰度密度相等的目标聚为一类，从而既能分辨清晰的焊缝图像，也能分辨模糊的焊缝图像。

从已有的焊缝图像数据库的数据来看，缺陷面积最小的缺陷仅仅只有 6 个像素点，因此在定义灰度密度时，R_i 的形状如图 4-12 所示，空心圆为中心点。

传统聚类的思想认为只要临近区域的密度超过一定的阈值，就继续聚类。但对于焊缝灰度图像而言，有多少个像素点无需考虑，因为分割前无法获知缺陷的类型（圆形缺陷或线形缺陷）和大小，所以在 X 射线焊缝图像聚类时，只需考虑一定灰度值下的像素点的多少，即利用灰度密度近似相等的像素点个数进行聚类。

为了清楚的描述如何利用灰度密度聚类，首先给出空间点的数据结构如下。

```
type RES=record    //空间点数据结构
    x,y:Integer;    //空间点坐标
    Es:Single;       //空间点的灰度密度
    Cls:Integer;     //空间点属于的类型，为 0 表示噪声
end;
```

利用灰度密度聚类的过程如下。

（1）标定每一个点的灰度密度，将所有点的 Cls 取为 0。

（2）取聚类半径 Eps=2，聚类模板如图 4-13 所示。图 4-13 中，空心圆为中心点。按如下模板对每一个像素点开始聚类（Eps=1 和灰度密度计算的形状一致，不易发现缺陷。又由于现场实际焊缝图像具有较强噪声，半径取得过大，使聚类不易成功）。

（3）取聚类的密度值的下限 MinP=13（超过半径 Eps 内所含像素点个数的一半）。

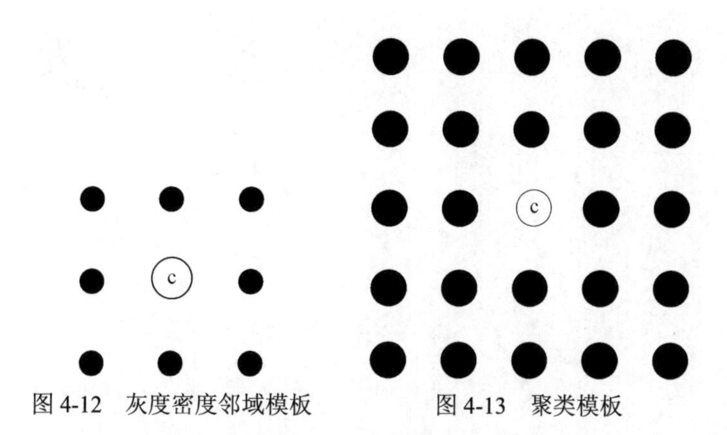

图 4-12　灰度密度邻域模板　　　　图 4-13　聚类模板

（4）从第一个点开始，按模板遍历图像 ROI 中的每一个点，在半径 Eps 范围内（模板内），像素点的灰度密度和中心点的灰度密度差值在 3 以内的像素点称为“灰度密度近似点”。

（5）模板内“灰度密度近似点”的个数超过 MinP，则该区域“灰度密度近似点”可以聚为一类；如果“灰度密度近似点”的个数小于 MinP，则将模板中心点定义为“噪声点”，其 Cls=0。

（6）如果该模板区域的某一个“灰度密度近似点”的 Cls＞0，则其他“灰度近似点”的 Cls 与其相同；如果所有“灰度密度近似点”的 Cls=0，则新定义一个聚类，将所有“灰度密度近似点”的 Cls 的值取为这一个新的聚类的编号。

在上述算法中，灰度密度之差定义为 3 是由于在某石油钢管厂对现场操作人员进行的主观判断性实验表明，在焊缝图像中，灰度值之差在 3 以内的像素点之间的差别，操作人员一般难以识别，可以归为一类。

利用聚类的方式，可以对 4.2 节所介绍的无法分割处理的焊缝图像方法进行聚类操作，对无法聚类的噪声点，以高亮形式标出。为节约计算时间，仅对 ROI 进行聚类处理。以现场图 4-14（a）为例，由于缺陷细微，噪声大，且灰度差值较小，常规方法无法分割缺陷，经聚类处理后的图像如图 4-14（b）所示。不同聚类以不同灰度值标出，噪声点以高亮形式给出，可以发现缺陷表现为无法聚类。

造成这一现象的原因在于，缺陷面积相对较小，远小于焊缝的面积，特别是其宽度较小，因此在按模板进行聚类时会被按噪声处理。

针对这一特点，可将聚类结束后的噪声点作为疑似缺陷处理。为了验证这一思路，将 4.2 节常规算法无法分割的现场焊缝图像用聚类的方式进行处理，如图 4-15 和图 4-16 所示，均可得到满意的分割效果。

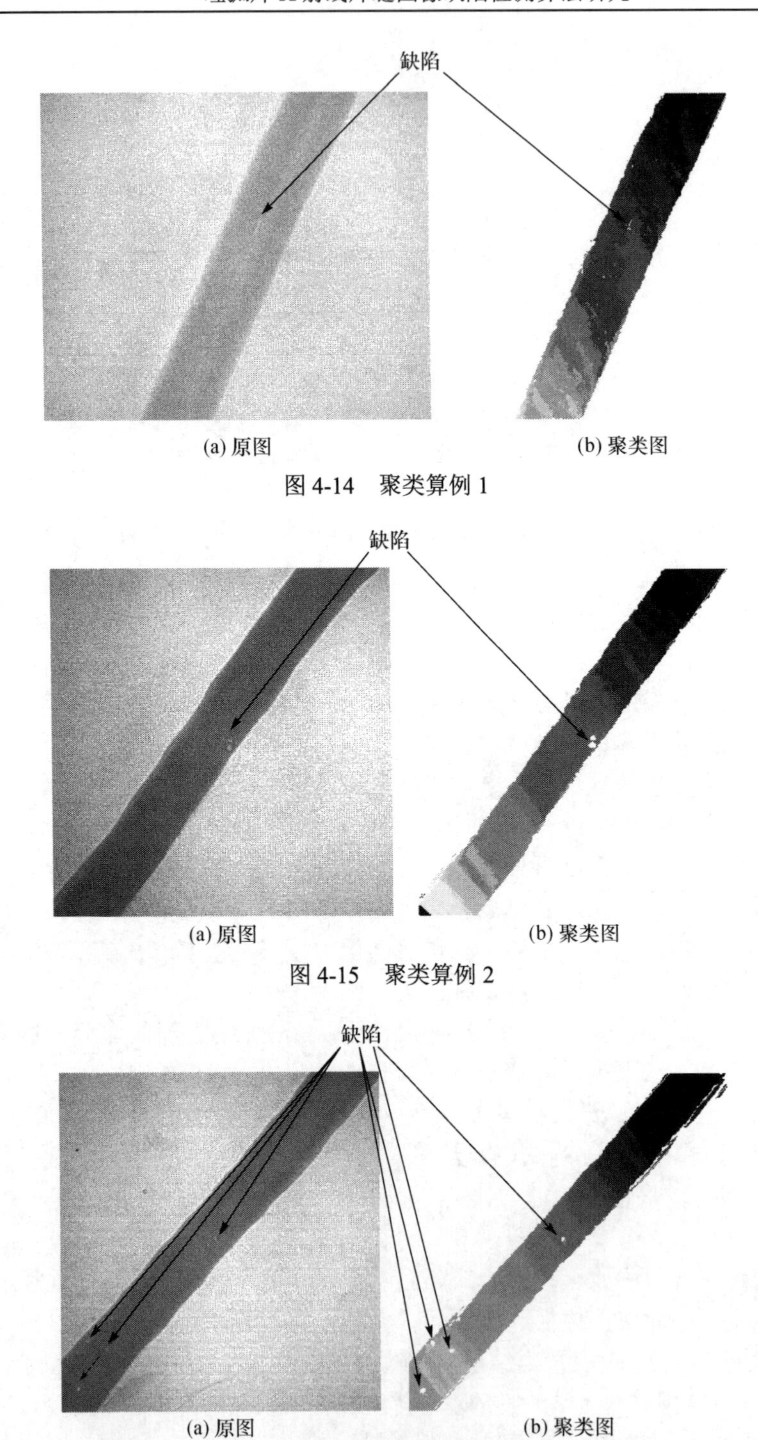

图 4-14　聚类算例 1

图 4-15　聚类算例 2

图 4-16　聚类算例 3

利用聚类的方法对 4.2 节所提算法处理过的 99 张焊缝图片进行处理，能够成功聚类的像素点以全黑形式显示，噪声点（缺陷）以高亮形式显示。与表 4-1 所获得数据的实验方式相同，不预设图片是否含有缺陷。分割结果直接和现场操作人员判断结果做比对，聚类方法实验结果的混淆矩阵见表 4-2。

表 4-2　聚类分割效果表

图片类型＼分割结果	分割出缺陷	未分割出缺陷
存在缺陷图片	74（TP）	4（FN）
未存在缺陷图片	2（FP）	19（TN）

聚类分割效果已经远远好于传统的基于图像分割的方法。而且，从分割的效果来看，以图 4-17 为例，图 4-10 所示传统算法的分割结果如图 4-18 所示，聚类方法的分割结果如图 4-19 所示。对比图 4-18 和图 4-19 可以看出，对一些复杂的缺陷，聚类方式的分割效果更好，更加有利于缺陷的定量分析。

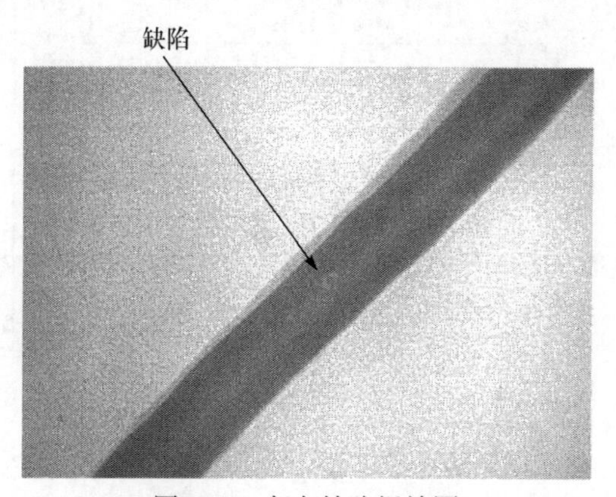

图 4-17　复杂缺陷焊缝图

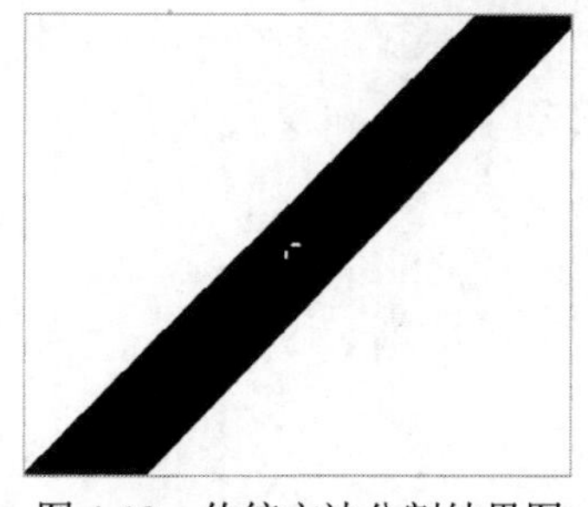

图 4-18　传统方法分割结果图

图 4-19　聚类方法分割结果图

为了进一步研究焊缝缺陷的分割问题，使之达到现场应用的目的，可以在聚类算法研究的基础上最终确定缺陷分割的综合算法。

从现场实际生产的角度出发，对缺陷进行分割，要求降低误分割率，即应该使得表 4-1 和表 4-2 中的 FN 和 FP 值尽可能低。在难以同时满足的情况下，最重要的目标是降低 FN 的数值，这是由于该数值的高低直接关系到产品质量，漏检有可能造成严重的安全隐患。

如果对任意图片都采用聚类的分割方法，虽然可以获得很高的分割成功率，但也会增加计算时间和计算的复杂程度。从降低表 4-1 和表 4-2 中 FN 值的角度出发，4.2 节算法无法成功分割的图像应用聚类方式进行分割，4.2 节算法能够成功分割的图像则无需采用聚类方式进行处理。基于这一思路，在保证成功分割的基础上，最终的 X 射线焊缝疑似缺陷分割算法如图 4-20 所示。

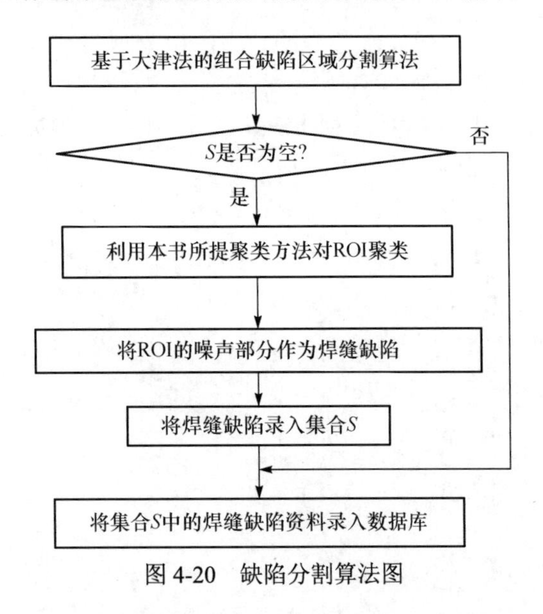

图 4-20　缺陷分割算法图

图 4-20 中，“基于大津法的组合缺陷区域分割算法”为图 4-10 所提算法。图 4-20 所示算法的最后将焊缝缺陷资料录入数据库是为了动态刷新缺陷信息，使得算法具有一定的自学习功能。图 4-20 所提算法将传统的分割方法和聚类方法串联进行，即可保证分割效果的漏检率不次于表 4-2 所示结果，又可以降低计算的复杂程度。

4.4　基于 Hopfield 神经网络的缺陷分割

1. Hopfield 神经网络介绍

美国加州理工学院物理学家 Hopfield 于 1982 年和 1984 年先后提出离散型反馈神经网络和连续型反馈神经网络两种网络模型（简称为 Hopfield 神经网络），引入

“计算能量函数”的概念，给出网络的稳定性判据，特别是给出网络的电子电路实现，从而为神经计算机的研究奠定了基础，开拓了神经网络用于优化计算的新途径。

Hopfield 神经网络是一种全连接型的反馈神经网络，根据网络的输出是离散量还是连续量，可以分为离散和连续两种。由于离散型 Hopfield 神经网络（discrete Hopfield neural network，DHNN）和生物神经元的差别较大，对 Hopfield 神经网络应用的研究主要集中在连续型 Hopfield 神经网络（continuous Hopfield neural network，CHNN）。在 CHNN 中，神经元的状态可以取 0～1 的任一实数值。CHNN 的电子线路图如图 4-21 所示。

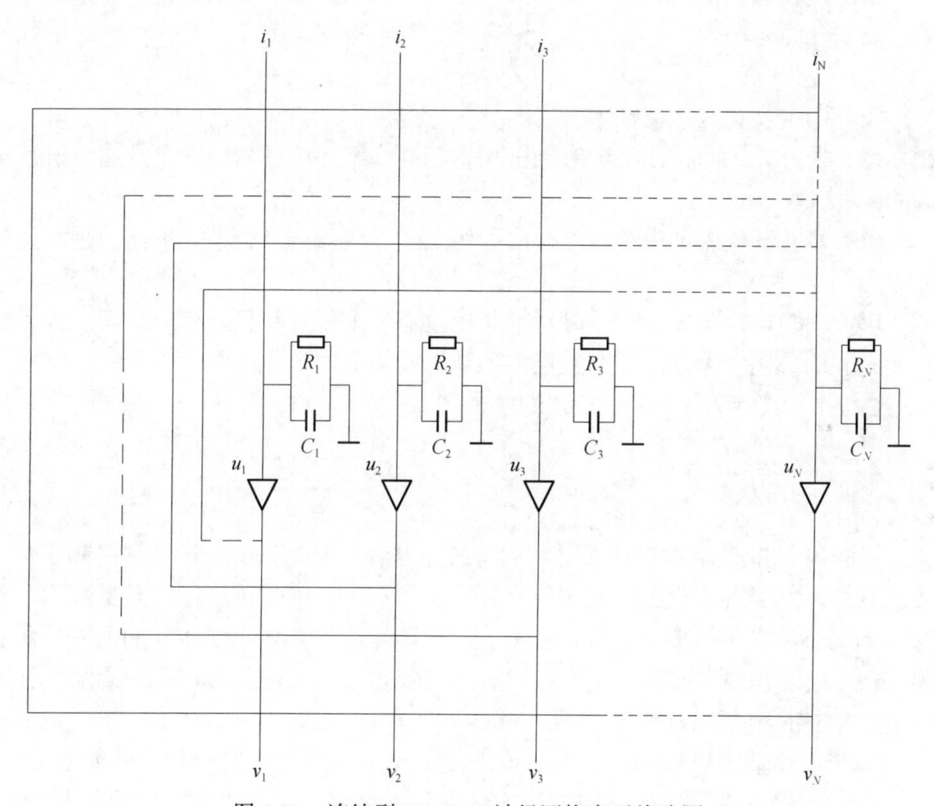

图 4-21　连续型 Hopfield 神经网络电子线路图

图 4-21 中，神经元 i 由电阻 R 和电容 C 以及运算放大器模拟，输出 v_i 的同时还反馈至其他神经元，但不反馈自身。其中，R_i 表示细胞膜的传递电阻；C_i 表示细胞膜输入电容；电阻 R_i 和电容 C_i 并联模拟了生物神经元输出的时间常数；运算放大器模拟神经元的非线性特性；v_i 对 u_j（神经元 j 的膜电位状态）的影响模拟神经元之间互联的突触特性。根据基尔霍夫定律，CHNN 的力学系统方程为

$$\begin{cases} \dfrac{\mu_i}{R_i} + C_i \dfrac{\mathrm{d}\mu_i}{\mathrm{d}t} = I_i + \sum\limits_{j=1}^{N} w_{ij} v_j \\ v_i = f(\mu_i) = \dfrac{1}{2}\left(1 + \tanh\left(\dfrac{\mu_i}{\mu_0}\right)\right) \end{cases} \tag{4-4}$$

式中，神经元i的外部输入偏置电流I_i作为常值偏置，用于设置网络的兴奋等级；第j个运放的输出与第i个运放的输入之间的电导$w_{ij}=1/R_{ij}$模拟神经元j与i之间互连的突触特性；$f(\mu_i)$表示放大器的非线性饱和特性，近似于Sigmoid函数（S型函数）。

CHNN在简化生物神经元性质的同时，重点突出了以下重要特性。

（1）神经元作为一个输入输出变换，其传输特性具有类似于Sigmoid函数的S特性。

（2）细胞膜具有时空整体作用。

（3）神经元之间存在大量的兴奋和抑制性联结，这种联结主要是通过反馈实现的。

（4）具有既代表产生动作电位的神经元，又代表按渐近方式工作的神经元的能力。

因此，CHNN保留了生物神经网络的动态和非线性特征，有助于理解大量神经元之间的协同作用是怎样产生巨大的计算能力的。

CHNN的计算能量函数E定义为

$$E = -\frac{1}{2}\sum_{i=1}^{N}\sum_{j=1}^{N} w_{ij} v_i v_j - \sum_{i=1}^{N} v_i I_i + \sum_{i=1}^{N} \frac{\int_0^{v_i(t)} f^{-1}(v)\mathrm{d}v}{R_i} \tag{4-5}$$

CHNN的能量函数值随着时间的推移总是在不断地减少，最后网络趋于某一平衡状态，平衡点就是E的极小值点，反之亦然。证明CHNN能量函数随时间推移不断减小的文献很多，本书对证明过程不再详述。这说明CHNN的演变过程就是在[0，1]内寻找极小值稳定点（吸引子）的过程，并在达到这些点后稳定下来。因此，CHNN具有自动求E的极小值计算功能。

基于上述基本思想，用CHNN优化方法求解优化问题的一般步骤如下。

（1）选择一个合适的问题表示方法，使神经元的输出与问题的解彼此对应。

（2）构造能量函数，使其极小值点对应于优化问题的最优解，并保证极小值是合法的，即当能量函数取极小值时，问题的约束条件被满足。

（3）根据能量函数定义网络动态方程（motion equation）。

（4）给定网络初始状态$u_1(0), u_2(0), \cdots, u_n(0)$和网络参数$A$、$B$等，使网络（可以是计算机模拟）按动态方程运行，直至达到稳定状态，并将它解释为优化问题的解。

CHNN优化方法最重要的步骤是构造适当的网络能量函数E。由于优化问题通常含有很多约束，能量函数E既需要将约束条件以罚函数的形式表示，又需要保证解的收敛，因此能量函数构造的恰当与否直接关系到能否求得最优解。同时，人们总希望解得 E 的极小值点为优化问题的全局最优点。但由于求解问题的复杂性，求解 E 的最优解时往往容易陷入局部极值点，这是人们所不希望的。因此，如何有效地构造网络能量函数（如选择适当的参数 A、B 等），以及采取一些什么辅助手段才能使网络跳出对应于不可行解的局部极值点，是值得广泛深入研究的重要问题。

如果 CHNN 方法能够收敛并得到问题的可行解，对算法收敛速度及可行解的优劣都应认真分析，目前还只能通过实验方法来说明算法在这两方面的性能。

Hopfield 神经网络有很多成功的应用，这种网络的主要应用形式有联想记忆和优化计算两种形式。在用 Hopfield 神经网络进行优化计算方面，旅行商问题（travelling salesman problem，TSP）是一个经典的例子，相关的文献报道也最多。

TSP 若用传统的穷举搜索法，则需要找出全部路径的组合，再对其进行比较，最后找到最佳路径。这种方法随着城市数目的增加，导致计算工作量急剧增加。这是用传统的串行计算机难以在有限时间内得到圆满解决的问题。在实际应用中，这类问题往往不要求得到严格的最优解，只要是接近最优解就可以。

以 TSP 为例介绍如何利用 Hopfield 神经网络处理组合优化问题，首先把问题转化成适合于神经元网络处理的形式。对于 n 个城市的 TSP，使用一个 $n \times n$ 的神经元矩阵来表示，用神经元的状态来表示某一个城市在某一条有效路径中的位置。神经元 x_i 的状态用 v_{xi} 表示，其中 $x \in \{1,2,\cdots,n\}$；$i \in \{1,2,\cdots,n\}$；第 x 个城市用 c_x 表示，状态 $v_{xi}=1$ 表示 c_x 在路径中第 i 个位置出现；$v_{xi}=0$ 表示 c_x 在第 i 个位置不出现，说明此时第 i 个位置上是其他城市。一条有效的路径，应使得 v 矩阵可以唯一地确定对于所有城市的访问次序。为了保证每个城市只去一次（出发点除外），那么关联矩阵 v 上的每一行只能有一个为 1，其他必须为 0。为了保证每次只访问一个城市，关联矩阵每一列只有一个元素为 1，其他为 0，全部非 0 元素的总和为 n。例如，n=5，则一条有效路径可能构成的 v 矩阵如表 4-3 所示。

表 4-3　5 个城市换位矩阵

城市＼次序	1	2	3	4	5
c_1	0	1	0	0	0
c_2	1	0	0	0	0
c_3	0	0	1	0	0
c_4	0	0	0	0	1
c_5	0	0	0	1	0

表 4-3 所示的城市访问次序为：$c_2 \rightarrow c_1 \rightarrow c_3 \rightarrow c_5 \rightarrow c_4$。为了解决 TSP，必须构成合适的能量函数。针对路径有效性，为了保证输出换位阵和路径最小，有如下能量函数：

$$
\begin{aligned}
E=&\frac{A}{2}\sum_{x=1}^{5}\sum_{i=1}^{5}\sum_{j=1,j\neq i}^{5}v_{xi}v_{xj}+\frac{B}{2}\sum_{i=1}^{5}\sum_{x=1}^{5}\sum_{y=1,y\neq x}^{5}v_{xi}v_{xj}\\
&+\frac{C}{2}\left(\sum_{x=1}^{5}\sum_{i=1}^{5}v_{xi}-n\right)^2+\frac{D}{2}\sum_{x=1}^{5}\sum_{i=1}^{5}\sum_{y=1,y\neq x}^{5}l_{xy}v_{xi}(v_{y,i+1}+v_{y,i-1})
\end{aligned}
\tag{4-6}
$$

式中，等号右边的第一项和第二项为约束路径的有效性；第三项为整体约束矩阵 v 中 1 的个数为 n；第四项使得路径从总体上趋向于最小；A、B、C、D 为系数。

由 Hopfield 神经网络解决 TSP 的求解过程可以发现，用 Hopfield 神经网络进行缺陷识别有其可以预见的优点。Hopfield 神经网络要求对微分方程组进行求解，这在计算时间上将比遗传算法这类随机搜索算法具有优势。在进行多阶段问题处理时，对某一特定的问题，Hopfield 网络只需构造一个能量函数，对能量函数的求解可以同时考虑各个规划阶段的情况。这种处理方法可以同时确定各个规划阶段的方案，比起传统的动态规划方法要相对优越。

2. 基于 Hopfield 神经网络的分割

分析图 4-3～图 4-5 可以看出，X 射线灰度图像对比度比较低，对图像中每一个像素点的灰度进行分析后发现，气泡或裂纹的灰度值和钢管的灰度值大致相同。在工业生产中，X 射线成像系统所生成的图像受噪声影响，存在较大干扰，图 4-3～图 4-5 中钢管部分图像的灰度值最小为 0，焊缝部分也有相同情况。而且，气泡和焊缝的灰度对比不明显，相对于焊缝和钢管的面积，气泡面积是很小的。因此，对焊缝图像进行分割的方法应既能对小图像进行分割，又有较强的抗干扰能力。本节介绍一种基于 Hopfield 神经网络的分割技术。

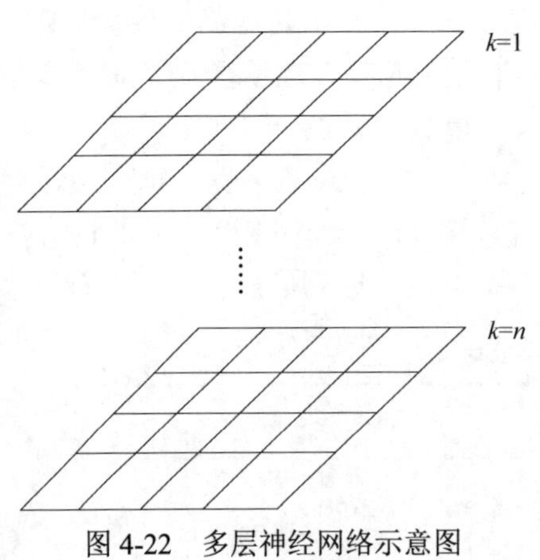

图 4-22　多层神经网络示意图

用 $f(i, j)$ 表示一幅 $N\times M$ 的灰度图片中像素点 (i, j) 的灰度值，用 S 表示图片的分类数。多层 Hopfield 神经网络的层数由分类数 S 确定，神经网络的构成如图 4-22 所示。每一层神经网络的输出用 $v(s,i,j)(1\leqslant s\leqslant S)$ 表示，$v(s,i,j)=1$ 时表示像素点 (i,j) 属于第 s 类；$v(s,i,j)=0$ 则不属于第 s 类。

能量函数的定义如下：

$$E=E_1+E_2+E_3 \tag{4-7}$$

式中，

$$E_1=\frac{A}{2}\sum_{s=1}^{S}\sum_{i=1}^{N}\sum_{j=1}^{M}\sum_{l=-1}^{1}\sum_{k=-1}^{1}[v(s,i,j)-v(s,i+l,j+k)]^2 \tag{4-8}$$

约束每一个像素点与其周围的像素点属于同一类，当各像素点和它周围的像素点属于同一类时，$E_1=0$，这一项使得分割后的图像能够完整连续。

$$E_2=\frac{B}{2}\sum_{i=1}^{N}\sum_{j=1}^{M}\left(\sum_{s=1}^{S}v(s,i,j)-1\right)^2 \tag{4-9}$$

约束各个像素点属于唯一的类，这一项使得像素点即不会被重复分类，也不会被漏分。

$$E_3=\frac{C}{2}\sum_{s=1}^{S}\sum_{i=1}^{N}\sum_{j=1}^{M}v(s,i,j)[f(s,i,j)-\mathrm{Gray}(s)]^2 \tag{4-10}$$

约束属于同一类的像素点的灰度值尽可能地接近，其中 Gray(s)为第 s 类图像的平均灰度值。

式（4-8）～式（4-10）中的 A、B、C 为系数。分析能量函数可知，E_1 使得各个像素点尽可能和周围的像素点分为同一类，这就使得神经网络有较强的抗干扰性能，在实际工业图片的识别中，可以有效克服灰度图片中的干扰信号。E_3 没有考虑像素点的空间信息，这样处理使得能量函数可以较好地发现焊缝中的多个缺陷。合理选择系数 A 和 C 可以使能量函数既有较好的抗干扰性，又对缺陷有较好的敏感性。

求解过程中考虑到原 Hopfield 模型经常陷入无效解的情况，文献[74]对此做出改进，并提出将动态方程变为

$$\frac{\mathrm{d}u(s,i,j)}{\mathrm{d}t}=-\frac{\partial E}{\partial v(s,i,j)} \tag{4-11}$$

本书利用式（4-7）和式（4-11）研究焊缝图像分割问题，在建立能量函数式（4-7）的情况下，由式（4-11）可以导出神经网络的动态方程为

$$\begin{cases}\dfrac{\mathrm{d}u(s,i,j)}{\mathrm{d}t}=-A\displaystyle\sum_{l=-1}^{1}\sum_{k=-1}^{1}[v(s,i,j)-v(s,i+l,j+k)]\\ \qquad\qquad -B\left(\displaystyle\sum_{s=1}^{S}v(s,i,j)-1\right)\\ \qquad\qquad -\dfrac{C}{2}[f(s,i,j)-\mathrm{Gray}(s)]^2\\ v(s,i,j)=\dfrac{1}{2}\left[1+\tanh\left(\dfrac{u(s,i,j)}{u_v}\right)\right]\end{cases} \tag{4-12}$$

利用欧拉法求解式（4-12）即可得所求解。

3. 参数选择及算法确定

由于工业上 X 射线焊缝图像中缺陷的灰度和钢管的灰度基本一致，因此图像分类一般可以分为 3 类，钢管和气泡为一类；焊缝为一类；全黑的背景为一类。能量函数中 A、B、C 的选择如下：

$$\begin{cases} A \approx 40000 \\ B \approx 5000 \\ C \approx 20 \end{cases} \tag{4-13}$$

用多层 Hopfield 神经网络进行分类的算法如下。

（1）利用 3×3 模板对图像进行中值滤波。

（2）分别计算钢管和焊缝的平均灰度值，作为能量函数中的 Gray(s)。

（3）将各像素点的灰度值取为和该灰度值最接近的 Gray(s)。

（4）利用多层 Hopfield 神经网络求解，迭代计算至输出无变化为止。记录分割后的图像，输出。

4. 计算结果与比较

图 4-23(a)为某石油钢管厂工业 X 射线成像仪所生成的原始图像，取 A=40000、B=5000、C=20，迭代计算次数为 200，利用本书所介绍的方法对图像进行分割处理后所得结果见图 4-23（b）。

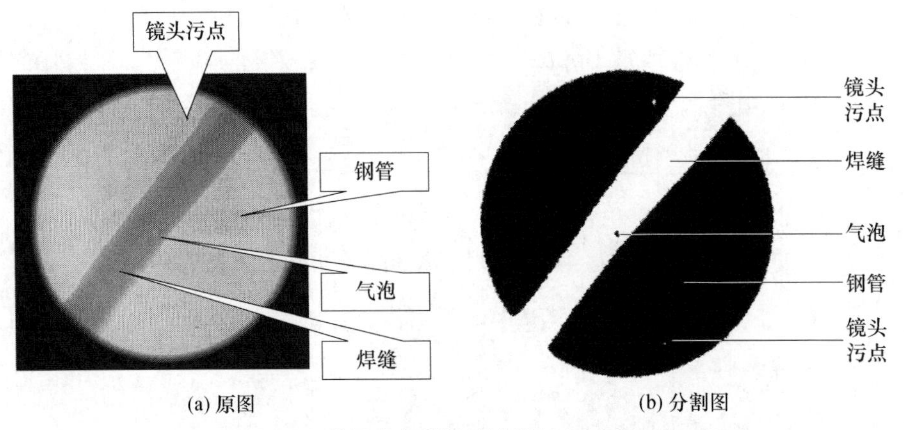

图 4-23　利用本书所提算法进行分割后结果

为了验证能量函数第一项的滤波作用，在去掉能量函数第一项后，仍用本书所提算法进行处理，所得图像如图 4-24 所示。

对比图 4-23（b）和图 4-24 可以发现，尽管采用了均值滤波，但由于实际工业生产中用 X 射线成像仪所生成的图像干扰很大，分割后的效果并不理想。为了对算法进行分析，略去算法中的第一步和第三步，直接用神经网络进行分割，所得结果如图 4-25 所示。

对比图 4-23（b）、图 4-24 和图 4-25 可知，仅通过 Hopfield 神经网络或中值滤波难以对工业现场的 X 射线图像准确分割，但两者结合可以对有大干扰的实际工业图像进行分割，效果令人满意。

图 4-24　无能量函数第一项时分割的结果

图 4-25　未作中值滤波处理的结果

为了进一步验证基于 Hopfield 神经网络的分割方法，对部分有问题的焊缝图像进行了分割实验，结果如图 4-26～图 4-29 所示。

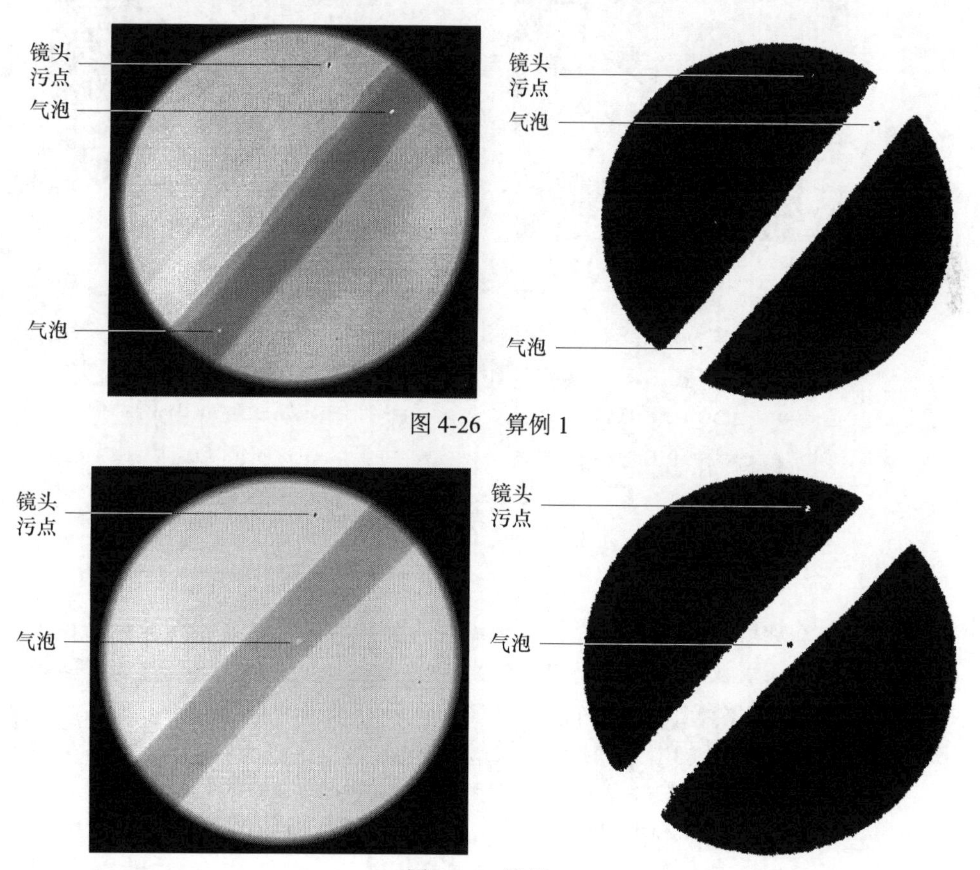

图 4-26　算例 1

图 4-27　算例 2

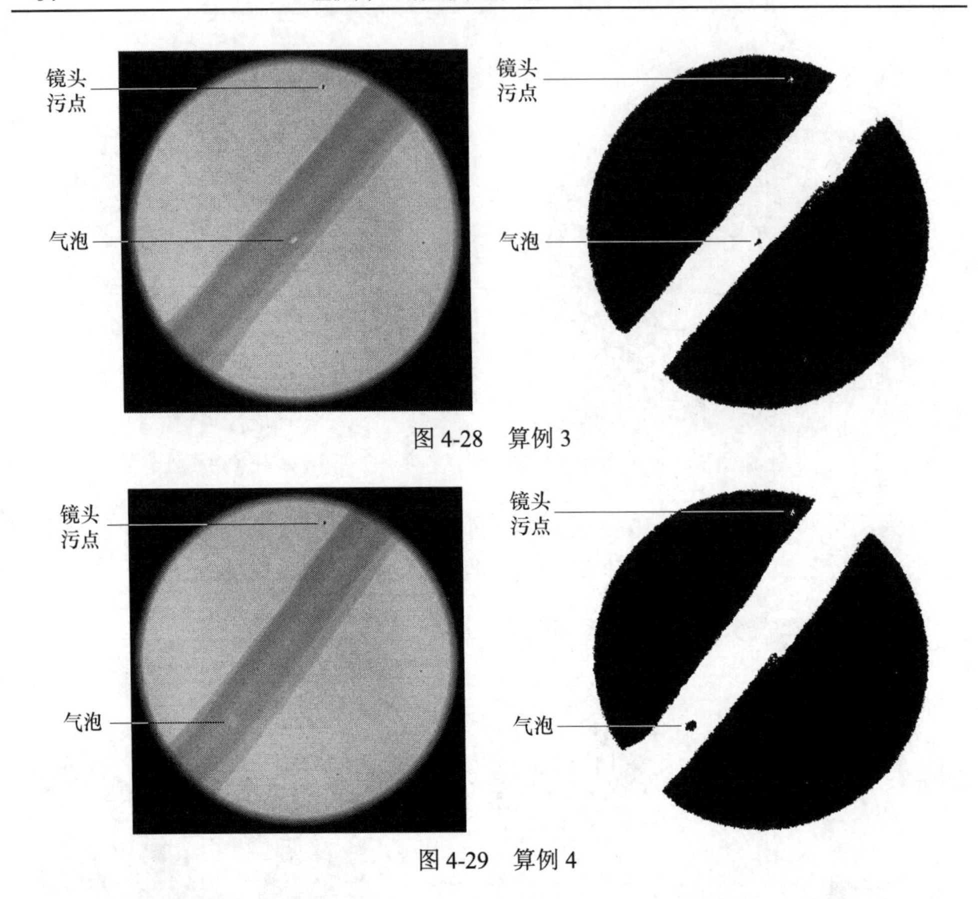

图 4-28　算例 3

图 4-29　算例 4

从图 4-26～图 4-29 的焊缝分割效果可以看出，多层 Hopfield 神经网络对焊缝图像的分割是有效的。但式（4-12）中变量的数量为图像大小的 3 倍，因此当图像尺寸较大时，求解式（4-12）需要较长的时间。在无法使用硬件并行方式求解式（4-12）时，电脑模拟计算的方式可以验证其有效性，但较长的计算时间难以应用于实际。

4.5　缺 陷 模 型

对实际的焊缝缺陷分割而言，分割出的高亮区域可能是真实的缺陷，也可能是高亮的噪声。仅仅从疑似缺陷的面积来界定分割出的高亮区域是否为缺陷是不准确的。又由于焊缝缺陷有多种形式（裂纹、未焊透、未熔合、条形夹渣、球形夹渣和气孔），通过分割出来的形状判断分割得正确与否也是难以实现的。虽然已有众多缺陷的特征值，但并不存在一个可以区分缺陷和噪声的特征值。

从图像的角度来看，人眼之所以能够识别焊缝中的缺陷，除去灰度差的因素外，另一个十分重要的原因就是缺陷有较为明显的边缘。为使计算机能够成功地自动判断分割出的高亮区域是否为真实的缺陷，需要对分割出来的疑似缺陷局部进行分析。

为了充分利用边缘信息，对 4.3 节算法分割出的缺陷局部利用 Sobel 算子进行处理，然后对该局部区域利用大津法进行分割。为了便于 Sobel 算子的边缘检测，进行处理的区域即为第 2 章所介绍的疑似缺陷区域。

对真实缺陷形成的“疑似缺陷区域”和由于高亮噪声形成的“疑似缺陷区域”进行 Sobel 算子边缘检测结合 OTSU 分割后可以发现，真实缺陷呈现出来的高亮部分对比高亮噪声分割出来的高亮部分呈现出较好的规律性，如图 4-30 所示。

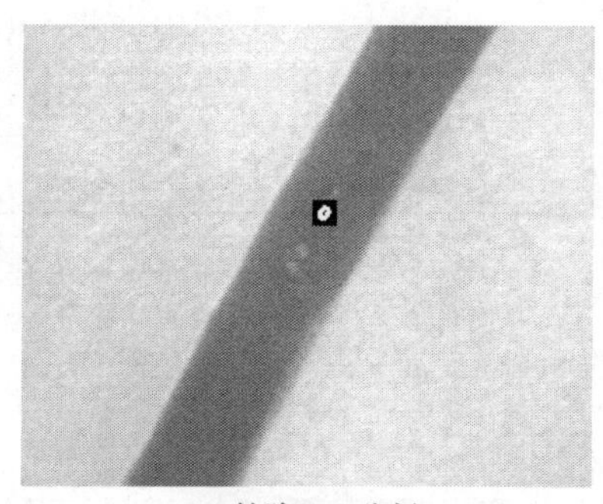

(a) 缺陷SDR分割

(b) 噪声SDR分割

图 4-30　缺陷局部分析图

从图形分析的角度来看，这种高亮部分的规律性有可能用形式复杂性来进行定量描述。图形形式复杂性计算公式如下：

$$e = \frac{L}{S} \tag{4-14}$$

式中，e 为图形形式复杂性；L 为图形周长；S 为图形面积。

对部分真实缺陷和噪声所造成的“疑似缺陷区域”进行边缘检测和分割后，分别计算了其形式复杂性。从形式复杂性来看，两者并没有明显的差别，这可能是由于形式复杂性仅仅反映了周长和面积的关系。随后又统计了“疑似缺陷区域”在边缘检测和 OTSU 分割后，高亮区域和全黑区域的面积之比（higlight area to black area ration，HLR），两者也没有明显的差异。

但从图 4-30 可以看出，真实的缺陷在局部分割后高亮区域集中，而噪声引起的误分割，在局部区域分割后高亮区域分散。针对这一特征，对“疑似缺陷区域”在 Sobel 算子结合 OTSU 处理后，将高亮点作为数据点，利用最小二乘法进行直线拟和，再根据拟和出来的直线计算各疑似缺陷区域的标准差（standard deviation，SD）。部分真实缺陷的疑似缺陷区域和噪声引起的疑似缺陷区域的 HLR、e 及 SD 值见表 4-4 和表 4-5 所示。

表 4-4　真实缺陷的疑似局部区域统计数据

HLR	e	SD
0.372549	0.5263158	2.17599
0.3053435	0.675	2.376775
0.3305671	0.6066946	2.391617
0.1194931	0.7929293	5.582514
0.2423077	0.7301587	1.942031
0.4212599	0.4112149	3.13732
0.4772727	0.6825397	2.05767
0.4736842	0.5833333	2.058606

表 4-5　噪声的疑似局部区域统计数据

HLR	e	SD
0.4611872	0.7821782	4.89201
0.2307692	0.9166667	6.056705
1.041667	0.71	3.86461
0.8795181	0.6164383	3.609432

分析表 4-4 和表 4-5 可知，任何一项单独的特征都无法区分疑似缺陷是真实缺陷还是噪声造成的。但通过表 4-4 和表 4-5 可以发现，噪声的疑似局部区域的统计量中至少有一项相对较大。将 HLR、e 和 SD 在三维坐标中绘制，旋转观察角度，如图 4-31 所示。

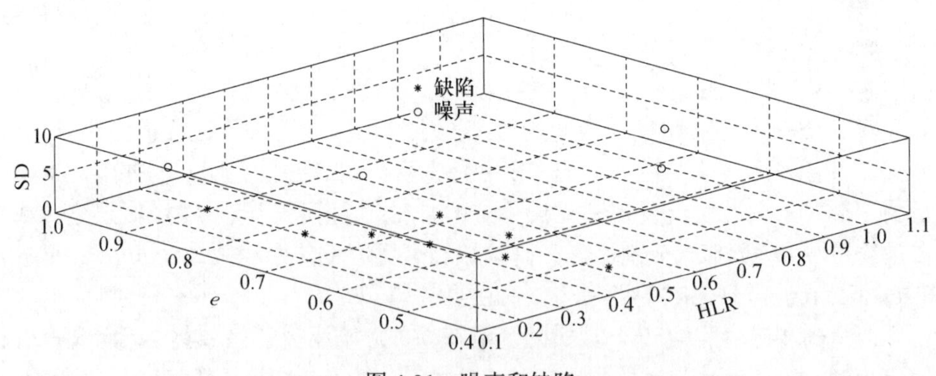

图 4-31　噪声和缺陷

由图 4-31 可以发现，在三维空间存在一个平面可以将噪声和缺陷分割开来。因此，可以设 CHR 为缺陷特征值，令

$$\mathrm{CHR} = k_1 \cdot \mathrm{HLR} + k_2 \cdot e + k_3 \cdot \mathrm{SD} \tag{4-15}$$

式中，k_1、k_2和k_3为系数。选取k_1=5，k_2=2，k_3=1。部分“疑似缺陷区域”的 CHR 值统计如图 4-32 所示。

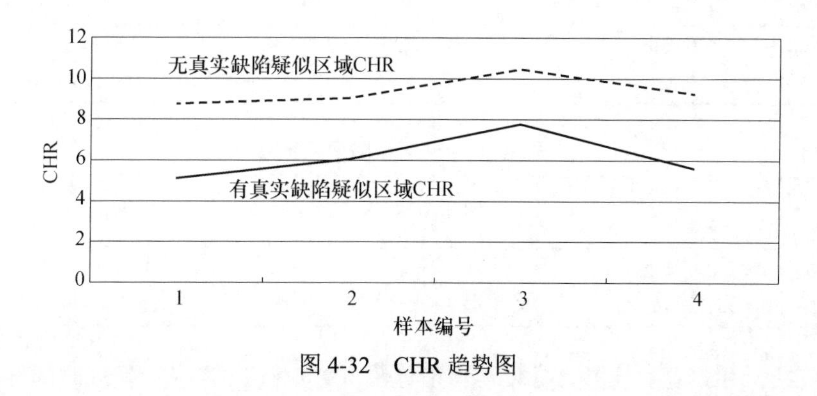

图 4-32　CHR 趋势图

从图 4-32 可以发现，有真实缺陷疑似区域和无真实缺陷疑似区域的 CHR 值呈现出明显的差异。因此，可以用 CHR 值作为区分疑似区域有无缺陷的标准，即有

$$\begin{cases} \text{CHR} \leqslant g & \text{有真实缺陷} \\ \text{CHR} > g & \text{无真实缺陷} \end{cases} \tag{4-16}$$

式中，g为阈值，一般可取为 8。

为了验证这一结论，对焊接数据库中部分图片的分割结果进行了实验验证，利用“疑似缺陷区域”的 CHR 值来判定“疑似缺陷区域”是否含有真实缺陷。计算结果直接和现场操作人员的判断进行比对，取g值分别为 7.5、8、8.5、9 进行实验计算，计算结果的混淆矩阵见表 4-6～表 4-9。

表 4-6　g=7.5 时缺陷识别结果

图片类型 \ 分割类型	分割出缺陷	未分割出缺陷
疑似缺陷图片（有真实缺陷）	300（TP）	23（FN）
疑似缺陷图片（无真实缺陷）	52（FP）	586（TN）

表 4-7　g=8 时缺陷识别结果

图片类型 \ 分割类型	分割出缺陷	未分割出缺陷
疑似缺陷图片（有真实缺陷）	303（TP）	20（FN）
疑似缺陷图片（无真实缺陷）	52（FP）	586（TN）

表 4-8　g=8.5 时缺陷识别结果

图片类型 \ 分割类型	分割出缺陷	未分割出缺陷
疑似缺陷图片（有真实缺陷）	304（TP）	19（FN）
疑似缺陷图片（无真实缺陷）	53（FP）	585（TN）

表 4-9　g=9 时缺陷识别结果

图片类型 \ 分割类型	分割出缺陷	未分割出缺陷
疑似缺陷图片（有真实缺陷）	305（TP）	18（FN）
疑似缺陷图片（无真实缺陷）	62（FP）	576（TN）

在实际生产中，检测目标要尽可能地降低 FN 和 FP 的值，但同时降低两者的值往往难以实现。这时，降低 FN 的值显得尤为重要，这是由于漏检有可能造成灾难性的后果。

4.6　本章小结

（1）大津法结合 sin 函数图像增强可以有效实现焊缝区域分割，通过 Sobel 算子和 Hough 变换可以定量获得 ROI 参数，这一方法具有很强的鲁棒性，并可避免人工对参数的调整。

（2）对 ROI 进行边缘检测后，再用大津法进行分割，可以在一定程度上弥补仅采用大津法分割缺陷的不足，提高分割成功率。

（3）灰度密度的概念有助于在灰度聚类时提高缺陷的成功分割率。由于缺陷面积，特别是缺陷宽度相对于焊缝宽度较小，因此本书提出在聚类过程中，将缺陷作为聚类噪声处理。实验表明，这种处理方式可以获得极好的分割效果。

（4）多层 Hopfield 神经网络可用于 X 射线焊缝图像分割，该方法具有较好的抗干扰性，可以对边缘模糊、噪声较大、背景起伏的图像进行分割。但利用计算机串行计算求解会导致较长的计算时间，影响其实际应用。

第 5 章　基于 SVM 及 PCA 的缺陷识别

5.1　SVM 原理及算法

1. SVM 原理

通过第 4 章介绍的聚类方法可以成功地分割出疑似焊缝缺陷。分割出的高亮区域虽然多数为缺陷，但依然有可能为噪声。因此，对高亮区域（疑似缺陷区域）进行分析，确定其类型是缺陷识别必不可少的环节，对高亮区域的特征值进行识别是目前较为常用的识别方法。第 2 章的统计已经表明，单一的缺陷特征值难以区分缺陷和噪声。一种常见的方法是将低维空间中无法分辨的参数投射到高维空间中进行分辨，这一投射过程最常采用的方法是利用支持向量机（support vector machine，SVM）的内积核函数代替向高维空间的非线性映射。SVM 是 Cortes 和 Vapnik 于 1995 年首先提出的，源于 Vapnik 提出的用于解决模式识别问题的支持向量方法，此方法成功运用于贝尔试验室对美国邮政手写数字库进行的试验。该方法从训练集中选择一组特征子集（支持向量，support vector，SV），使得对特征子集的线性划分等价于对整个数据集的分割。

SVM 是从线性可分情况下的最优分类面发展起来的，其基本思想可通过图 5-1 中的二维情况说明。建立两类问题的特征空间，如图 5-1 所示，图中的圆形点和矩形点分别代表两类样本 C_1 和 C_2，Margin 为分类间隔 H 为分类线，线 H_1 和 H_2 是平行于 H 且距离 H 最近的两类样本点的直线，它们之间的距离为分类间隔。线 H_1 和 H_2 上的几个样本点就是支持向量，H_1 与 H、H_2 与 H 之间的距离即为特征空间中的几何距离。

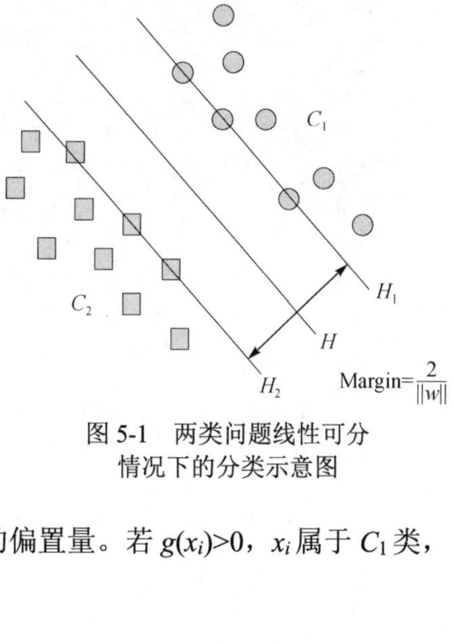

图 5-1　两类问题线性可分情况下的分类示意图

假设分类线 H 在特征空间中的表达式为

$$g(x) = w^{\mathrm{T}} x + b = 0 \qquad (5\text{-}1)$$

式中，w 为分类平面的法向量；b 为其相应的偏置量。若 $g(x_i)>0$，x_i 属于 C_1 类，否则属于 C_2 类。

每一个样本由一个向量（SDR所有特征值）和一个标记（SDR是否为缺陷）组成，有

$$D_i=(x_i,y_i) \tag{5-2}$$

式中，x_i为所有特征值构成的向量；y_i为疑似缺陷的分类。在二分类过程中，y_i只有两种取值，1和–1（用于表示SDR是缺陷还是噪声）。

在式(5-1)和式(5-2)的基础上，可以定义如下样本点到某一超平面的间隔：

$$\delta_i=y_i(wx_i+b) \tag{5-3}$$

由于y_i（–1或者1）的取值和分类结果相关，因此$\delta_i>0$。将w和b分别进行归一化操作，则间隔可以描述为

$$\delta_i=\frac{|g(x_i)|}{\|w\|} \tag{5-4}$$

归一化后的δ_i称为几何间隔，为点到超平面的欧氏距离。误分次数E与几何间隔存在如下关系：

$$E\leqslant\left(\frac{2R}{\delta}\right)^2 \tag{5-5}$$

式中，$R=\max\|x_i\|$。在样本已知的情况下，R是一个固定值，因此最小化误分次数与最大化几何间隔是等价的。由式（5-4）可知，最大化几何间隔和最小化$\|w\|$等价。设H_1和H_2至H的距离为1，则H_1和H_2的表达式分别为：$H_1=w^{\mathrm{T}}x+b=1$和$H_2=w^{\mathrm{T}}x+b=-1$。此时，优化目标可变为

$$\min\frac{1}{2}\|w\|^2\quad \text{s.t.}\quad y_i[wx_i+b]-1\geqslant 0\quad i=1,\cdots,L \tag{5-6}$$

式中，L为样本总数。式（5-6）的目标函数是w的二次函数，约束条件是w的线性函数。式（5-6）是一个典型的二次规划（quadratic programming，QP）问题，但由于约束条件众多，常规的方法难以求解。此时可以考虑建立如下拉格朗日函数：

$$L(w,b,\alpha)=\frac{1}{2}\|w\|^2-\sum_{i=1}^{L}\alpha_i[y_i(w^{\mathrm{T}}x_i+b)-1] \tag{5-7}$$

式中，α_i为拉格朗日算子，$\alpha_i>0$。分别对w和b求偏导数可得

$$\begin{aligned}&\frac{\partial L}{\partial w}=0\Rightarrow w=\sum_{i=1}^{L}\alpha_i y_i x_i\\&\frac{\partial L}{\partial b}=0\Rightarrow \sum_{i=1}^{L}\alpha_i y_i=0\end{aligned} \tag{5-8}$$

将式（5-8）代入式（5-7）可得拉格朗日对偶函数：

$$\begin{aligned}\max L(\alpha) &= \frac{1}{2}\sum_{i=1}^{L}\alpha_i y_i x_i \sum_{j=1}^{L}\alpha_j y_j x_j - \sum_{i=1}^{L}\alpha_i y_i (\sum_{j=1}^{L}\alpha_j y_j x_j)^{\mathrm{T}} x_i + \sum_{i=1}^{L}\alpha_i \\ &= \sum_{i=1}^{L}\alpha_i - \frac{1}{2}\sum_{i=1}^{L}\sum_{j=1}^{L}\alpha_i y_i \alpha_j y_j x_i^{\mathrm{T}} x_j\end{aligned} \tag{5-9}$$

求得最优 α^*，即可解得最优 w^* 和 b^*。在实际分类操作中，因为噪声等因素的影响，有可能存在线性不可分的情况，所以需要对分类器做一定的修改，允许样本点在超平面错误的一边。此时需要加入惩罚因子，即引入松弛变量 ξ_i，$i=1,2,\cdots,N$。式（5-6）变为

$$\min \frac{1}{2}\|w\|^2 + C\sum_{i=1}^{L}\xi_i, C>0 \quad \text{s.t.} \quad y_i[wx_i+b]-1+\xi_i \geqslant 0;\ \xi_i \geqslant 0;\ i=1,\cdots,L \tag{5-10}$$

与式（5-7）的获得方法一致，得

$$L(w,b,\alpha,\xi,\mu) = \frac{1}{2}\|w\|^2 + C\sum_{i=1}^{L}\xi_i - \sum_{i=1}^{L}\alpha_i[y_i(w^{\mathrm{T}}x_i+b)-1+\xi_i] - \sum_{i=1}^{L}\mu_i\xi_i \tag{5-11}$$

拉格朗日算子 α_i 和 μ_i 应满足 $\alpha_i \geqslant 0$ 和 $\mu_i \geqslant 0$。分别对 w、b、ξ_i 求偏导得

$$\begin{cases}\dfrac{\partial L(w,b,\alpha,\xi,\mu)}{\partial w} = 0 \Rightarrow w = \sum_{i=1}^{L}\alpha_i y_i x_i \\ \dfrac{\partial L(w,b,\alpha,\xi,\mu)}{\partial b} = 0 \Rightarrow \sum_{i=1}^{L}\alpha_i y_i = 0 \\ \dfrac{\partial L(w,b,\alpha,\xi,\mu)}{\partial \xi_i} = 0 \Rightarrow \alpha_i = C - \mu_i\end{cases} \tag{5-12}$$

将式（5-12）代入式（5-11），可得式（5-11）的对偶函数式：

$$\max \tilde{L}(w,b,\alpha,\xi,\mu) = \sum_{i=1}^{L}\alpha_i - \frac{1}{2}\sum_{i=1}^{L}\sum_{j=1}^{L}\alpha_i\alpha_j y_i y_j x_i^{\mathrm{T}} x_j \tag{5-13}$$

$$\text{s.t.} \quad \sum_{i=1}^{L}\alpha_i y_i = 0; \quad 0 \leqslant \alpha_i \leqslant C; \quad i=1,2,\cdots,L$$

由式（5-12）可知，$\alpha_i = 0$ 时，x_i 对计算分类面无任何作用；$0<\alpha_i<C$ 时，$\mu_i>0$，此时 $\xi_i = 0$，x_i 样本起到了支持向量的作用；$\alpha_i = C$ 时，$\mu_i = 0$，$y_i \cdot g(x_i)<0$，此时会导致误分割。由式（5-7）和式（5-12）可将分类器转化为

$$g(x) = \sum_{i=1}^{L}\alpha_i y_i (x_i^{\mathrm{T}} x) + b \tag{5-14}$$

可以发现，分类结果只取决于高维空间内积的值。设 w' 和 x' 为 w 和 x 向高维空间的映射，如果存在函数 K 使得 $K(w,x)=\langle w', x'\rangle$，则不再需要寻找低维空

间向高维空间的映射关系。这样的函数 K 被称为核函数。典型的核函数有以下四种。

（1）线性核函数：

$$K(x, x_i) = x \cdot x_i \tag{5-15}$$

（2）多项式核函数：

$$K(x, x_i) = [s \cdot (x, x_i) + c]^d \tag{5-16}$$

（3）径向基函数（radial basis function，RBF）：

$$K(x, x_i) = \exp(-\gamma |x - x_i|^2) \tag{5-17}$$

（4）sigmoid 函数：

$$K(x, x_i) = \tanh[s(x \cdot x_i) + c] \tag{5-18}$$

选择了核函数后，确定分类面最核心的问题就在于求解 α_i，在求解 α_i 的各类算法中，SMO 算法是应用最为广泛的。

2. SMO 算法

在对式（5-13）的求解过程中，由于样本数量众多而引入存储和计算量的问题，因此，一次性对所有 α_i 求偏导，解方程组是不现实的。SMO 算法则是将这一复杂的解方程组问题简化为多个简单方程的求解。其基本思想如下。

（1）利用启发式方法选取一对拉格朗日算子 α_i 和 α_j。

（2）将 α_i 和 α_j 以外的其他参数均设为固定值，此时优化目标函数可表示为

$$\min \psi(\alpha_i, \alpha_j) = \frac{1}{2} K_{ii} \alpha_i^2 + \frac{1}{2} K_{jj} \alpha_j^2 + y_i y_j K_{ij} \alpha_i \alpha_j - (\alpha_i + \alpha_j) + y_i v_i \alpha_i + \text{cons} \tag{5-19}$$

式中，K 为所选核函数；cons 为一个常数项（不包括 α_i 和 α_j 的量）；$v_i = \sum_{n=1;n\neq i;n\neq j}^{L} \alpha_n y_n \cdot K(x_i, x_n)$。由于 $\sum_{i=1}^{L} \alpha_i y_i = 0$，因此将 α_i 写为 α_j 的表达式：

$$\begin{aligned} &\alpha_i y_i + \alpha_j y_j + \sum_{n=1;n\neq i;n\neq j}^{L} \alpha_n y_n = 0 \Rightarrow \alpha_i y_i + \alpha_j y_j = -\sum_{n=1;n\neq i;n\neq j}^{L} \alpha_n y_n = \varepsilon \\ &\Rightarrow \alpha_i = (\varepsilon - \alpha_j y_j) y_i \end{aligned} \tag{5-20}$$

将式（5-20）代入式（5-19）可得仅有 α_j 的一元函数，又由于常数项一般不影响目标函数的求解，故可省略常数项 cons，有

$$\min\psi(\alpha_i)=\frac{1}{2}K_{ii}(\varepsilon-\alpha_j y_j)^2+\frac{1}{2}K_{jj}\alpha_j^2+y_jK_{ij}(\varepsilon-\alpha_j y_j) \\ -(\varepsilon-\alpha_j y_j)y_i-\alpha_j+v_i(\varepsilon-\alpha_j y_j)+y_jv_j\alpha_j \tag{5-21}$$

对 α_j 求偏导，并令其为 0，有

$$\frac{\partial\psi(\alpha_j)}{\partial\alpha_j}=(K_{ii}+K_{jj}-2K_{ij})\alpha_j-K_{ii}\varepsilon y_j+K_{ij}\varepsilon y_j+y_iy_j-1-v_iy_j+v_jy_j=0 \tag{5-22}$$

由式（5-22）可解得 α_j，将其代入式（5-20）可解得 α_i。将求得的解记为 α_i^{new} 和 α_j^{new}，求解前值记为 α_i^{old} 和 α_j^{old}，由式（5-21）得

$$\alpha_i^{\text{old}}y_i+\alpha_j^{\text{old}}y_j=\alpha_i^{\text{new}}y_i+\alpha_j^{\text{new}}y_j=\varepsilon \tag{5-23}$$

将式（5-23）代入式（5-22）可得

$$\alpha_j^{\text{new,unclipped}}=\alpha_j^{\text{old}}+\frac{y_j(E_i-E_j)}{\eta} \tag{5-24}$$

式中，$E_i=g(x_i)-y_i$；$\eta=K_{ii}+K_{jj}-2K_{ij}$。式（5-24）的求解过程未考虑约束条件 $0\leqslant\alpha_i\leqslant C$、$0\leqslant\alpha_j\leqslant C$ 和 $\alpha_iy_i+\alpha_jy_j=\varepsilon$。如计及上述三个约束条件，则最优解必须在图 5-2 的方框中产生。

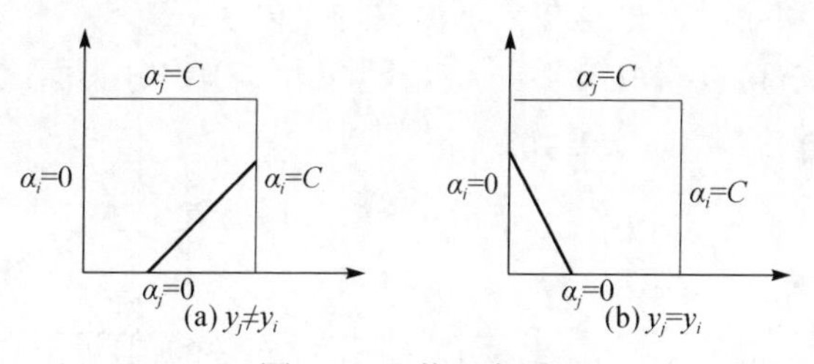

图 5-2　取值示意图

从图 5-2 可知，α_j^{new} 在一定范围内，设该范围的下限为 Low，上限为 High，有

$$\begin{cases}\text{Low}\leqslant\alpha_j^{\text{new}}\leqslant\text{High}\\ \text{Low}=\max(0,\alpha_j^{\text{old}}-\alpha_i^{\text{old}});\text{High}=\min(C,C+\alpha_j^{\text{old}}-\alpha_i^{\text{old}})\quad y_i\neq y_j\\ \text{Low}=\max(0,\alpha_j^{\text{old}}+\alpha_i^{\text{old}}-C);\text{High}=\min(C,\alpha_j^{\text{old}}+\alpha_i^{\text{old}})\quad y_i\neq y_j\end{cases} \tag{5-25}$$

经修剪后可得 α_j^{new} 的表达式：

$$\alpha_j^{\text{new}}=\begin{cases}\text{High} & \alpha_j^{\text{new,unclipped}}>\text{High}\\ \alpha_j^{\text{new,unclipped}} & \text{Low}\leqslant\alpha_j^{\text{new,unclipped}}\leqslant\text{High}\\ \text{Low} & \alpha_j^{\text{new,unclipped}}<\text{Low}\end{cases} \tag{5-26}$$

由式（5-23）可得

$$\alpha_i^{\text{new}} = \alpha_i^{\text{old}} + y_i y_j (\alpha_i^{\text{old}} - \alpha_j^{\text{new}}) \tag{5-27}$$

（3）更新 b 值。若 $0 < \alpha_i^{\text{new}} < C$，由库恩-塔克条件（Kuhn-Tucker conditions，KKT 条件）$y_i(w^{\mathrm{T}} x_i + b) = 1$，可得 $\sum_{n=1}^{L} \alpha_n y_n K_{ni} + b = y_i$。由此可得

$$b_i^{\text{new}} = y_i - \sum_{n=1;n\neq i,n\neq j}^{L} \alpha_n y_n K_{ni} - \alpha_i^{\text{new}} - \alpha_i^{\text{new}} y_i K_{ii} - \alpha_j^{\text{new}} y_j k_{ji} \tag{5-28}$$

考虑 $E_i = g(x_i) - y_i$，将上式前两项替换可得

$$b_i^{\text{new}} = -E_i - y_i K_{ii}(\alpha_i^{\text{new}} - \alpha_i^{\text{old}}) - y_j K_{ji}(\alpha_j^{\text{new}} - \alpha_j^{\text{old}}) + b^{\text{old}} \tag{5-29}$$

若 $0 < \alpha_j^{\text{new}} < C$，则：

$$b_i^{\text{new}} = -E_j - y_i K_{ij}(\alpha_i^{\text{new}} - \alpha_i^{\text{old}}) - y_j K_{jj}(\alpha_j^{\text{new}} - \alpha_j^{\text{old}}) + b^{\text{old}} \tag{5-30}$$

按式（5-31）更新 b 值：

$$b^{\text{new}} = \frac{b_i^{\text{new}} + b_j^{\text{new}}}{2} \tag{5-31}$$

（4）返回步骤（1），直至参数不再发生变化。

利用上述方法可以求取 W 和 b 值，随即可以确定分类面。

5.2　特征参数的预处理

由于图像分割的原因，通过 SDR 求解的各项特征值可能存在数据上的冗余。各特征值之间也有可能出现较大的数量级差异，因此在利用 SVM 对其分类前需要进行预处理，以提高运算效率。数据的预处理包括两个方面：①数据的归一化处理；②特征参数的主成分分析。

1. 数据的归一化处理

由于不同的特征描述代表的物理意义不同，相应的，各特征参数的取值范围也不尽相同。为了避免计算过程中大数“吃”小数现象的发生，导致数量级较小的特征在机器运算过程中被弱化掉。因此，在进行数据处理之前，必须对特征参数进行归一化处理，以消除不同指标间存在的量纲差异和数量级上的差异。

对将要进行模式识别运算的特征数据集，取归一化区间为[0, 1]，按式（5-32）

对其进行归一化处理：

$$x_i = \frac{x_i^* x_{\min}}{x - x_{\min}} \tag{5-32}$$

式中，x_i 和 x_i^*分别代表归一化前后的值；$x_{\max}$ 和 $x_{\min}$ 分别代表数据集 X 中的最大值和最小值。

2. 特征参数的主成分分析

由于各种特征值间不可避免地存在描述上的重叠、冗余或者线性相关。因此，本章研究采用主成分分析（principal component analysis，PCA）算法进行特征向量的主元分析，在提高各输入变量间的独立性的同时，可以减少特征数据的冗余描述。

主成分分析是通过线性变换构造原始观测变量的一系列线性组合，使得各线性组合在互不相关的前提下尽可能多地反映原始数据的信息。该方法通过正交变换构造相互独立的线性组合（主元），以每个主元的方差贡献率表示其综合信息的能力，对其按照贡献率由大到小排列，依次称为第一主元、第二主元，取累计贡献率大于某一综合指标的前 M 个主元作为观测变量的主成分。其相应的计算流程如图 5-3 所示。

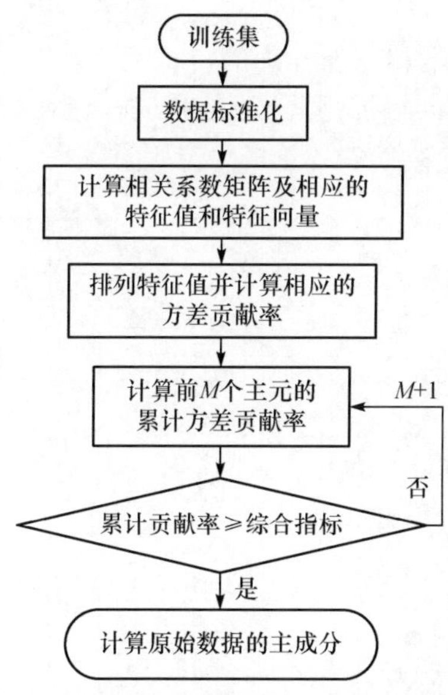

图 5-3　PCA 算法的主元计算流程

假设观测矩阵是以 P 维观测变量 $X=(x_1,x_2,\cdots,x_P)$ 构成的 N 个样本 $Y=(X_1,X_2,\cdots,X_N)$，$N>P$。则主元计算具体步骤如下所示。

步骤 1：利用式（5-33）对向量进行标准化处理，以消除不同指标间的量纲差异和数量级差异。

$$Z_j = \frac{X_j - \overline{X_j}}{\mathrm{var}(X_j)} \tag{5-33}$$

式中，Z_j 为与 X_j 对应的标准化变量；$\overline{X}_j$ 为第 j 个观测变量的平均值；$\mathrm{var}(X_j)$为第 j 个观测变量的标准差。

步骤 2：求取数据集 $Z = (Z_1, Z_2, \cdots, Z_N)$ 的相关系数矩阵 R。

步骤 3：计算相关系数矩阵 R 的特征值 λ_i 及相应的特征向量 $U_i, i = 1,2,\cdots,p$；并对特征值由大到小排列，前 M 个特征向量依次为主成分空间对应的方差。

步骤 4：计算主成分方差贡献率和累计方差贡献率。其中，第 k 个主成分方差表示为 $\alpha_k = \frac{\lambda_k}{\sum_{i=1}^{p}\lambda_i}$，主元 $y_1, \cdots, y_m$ 的累计贡献率为 $\frac{\sum_{i=1}^{m}\lambda_i}{\sum_{j=1}^{p}\lambda_j}$。通过累计方差贡献率大于某一综合指标确定 M 的值。

步骤 5：利用前 M 个特征向量 $U_j = (U_{j1}, U_{j2}, \cdots, U_{jP})^{\mathrm{T}}$，按式（5-34）计算观测矩阵的主成分：

$$U_{ij} = Z_i^{\mathrm{T}} U_j, \quad j = 1,2,\cdots,M \tag{5-34}$$

采集 600 组焊缝缺陷和图像噪声的特征数据，在保留原始数据 95%以上信息的条件下，对 600×6 的特征矩阵按照图 5-3 所示的方法进行处理，处理结果如图 5-4 所示，图中的曲线代表各主成分方差贡献率的累计值。

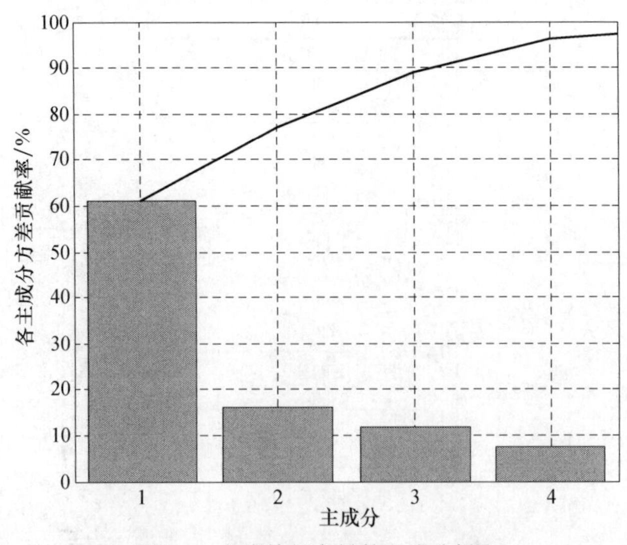

图 5-4　六维特征向量的主成分提取

由图 5-4 可知，在保留 95%以上的原始信息的条件下，从原始的特征矩阵中提取出了 4 个主元，特征矩阵相应的从 600×6 的矩阵变成了 600×4 的矩阵，并且特征描述的数据量减少了 33.33%，如表 5-1 所示。可以发现，PCA 算法除了能够提取主元，保证数据间的相互独立以外，还能够有效地实现特征数据的降维。将该算法应用到特征向量的优化，将有助于减少不必要的存储空间和计算时间，提高识别过程的实时性。

表 5-1　PCA 算法下特征矩阵的数据量对比

类别	矩阵大小	数据量/(byte)	数据量下降比例/%
原始特征数据	600×6	28800	33.33
处理后特征数据	600×4	19200	

5.3　焊缝缺陷和图像噪声的二类识别

根据 GB 6417—86《金属熔化焊焊缝缺陷分类及说明》，埋弧焊焊缝主要存在以下 6 类缺陷：裂纹、气孔、夹渣、未焊透、未熔合和形状尺寸不良。由于形状尺寸不良和未熔合的缺陷易于辨认，故本章主要针对几类易混淆的焊缝缺陷进行分类识别。实验验证采用 *K*–fold 交叉验证，即初始采样分割成 *K* 个子样本，一个单独的子样本被保留作为验证模型的数据，其他 *K*–1 个样本用来训练。交叉验证重复 *K* 次，每个子样本验证一次，平均 *K* 次的结果，最终得到一个单一估测。实验所用的 SVM 工具为 LibSVM。

采集噪声、气孔、裂纹、夹渣和未焊透等对象的 SDR 特征描述数据共 200 组，以此构成试验的数据集。实验步骤如下。

（1）标记数据库中缺陷类为 1，噪声类为–1。选取训练集样本 70 组，其中，噪声点和缺陷的特征数据各 35 组。测试集样本 130 组，其中，噪声点和缺陷的特征数据各 65 组。

（2）将所有的特征数据进行 [0,1] 的归一化处理，对处理后的结果在保留 95%原始信息的条件下，进行 PCA 优化。

（3）研究采用 C-SVC 模型，使用性能较好的 RBF 核函数建模，在 SVM 建模过程中，核函数参数 g 和误差惩罚因子 c 是两个直接影响模型精度的重要参数。g 主要用于控制回归逼近误差的大小，从而控制支持向量的个数和泛化能力，g 越大，支持向量的数目越少，精度越低，易出现过学习。c 用于调节在确定的数据子空间中学习机器的置信范围和经验风险比例，c 值越大，数据逼近误差就越小，模型越复杂，泛化能力越差。c 是在整个二次规划求解之前必须事先指定的值，然后求解在此惩罚因子下的分类器模型，并测试效果。通过变换 c 值可以获得不同效果，这实际是一个参数寻优的问题。

（4）使建模参数 c 和 g 分别在区间$[2^{-2},2^{-4}]$和$[2^{-4},2^{4}]$中按照网格搜索的方式，求取3折交叉验证意义下最好的分类成功率所对应的 c 和 g 的值。实验过程中，取 c 和 g 的步长均为0.5，当成功率相等时，取 c 值较小的那组。迭代过程中，标准差率（coefficient of variance，CV）意义下的最优建模参数 c 和 g 的选取结果如图5-5。

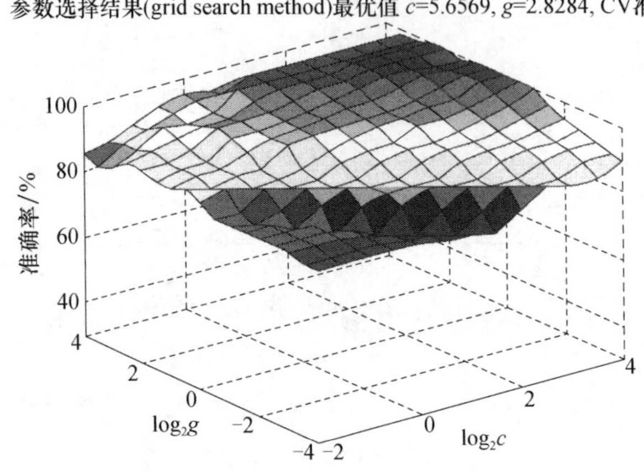

图5-5　交叉验证情况下参数的选择结果

（5）用训练集数据结合优化参数 c 和 g 进行迭代，求解满足KKT条件的拉格朗日乘子 λ、偏置项 b 以及参数 y。

（6）用测试集数据对训练所得的分类器模型进行测试，测试结果如表5-2所示。

表5-2　焊缝缺陷和噪声的二分类识别结果

惩罚因子 c	核函数参数 g	支持向量总数	运行时间	缺陷准确率	噪声准确率
5.5625	2.8248	16	1.144505 s	98.4615%（64/65）	98.4615%（64/65）

从表5-2可以看出，作为一种智能分类方法，SVM在焊缝缺陷和图像噪声的识别领域取得了良好的应用效果。该方法在采用3类对象的70组样本作为训练集的情况下，用训练所得的分类器模型对130组测试样本进行分类测试。结果表明，SVM对焊缝缺陷的识别准确率达到了98.4615%，对图像噪声的识别准确率为98.4615%。实验证明该方法在避免噪声干扰的情况下，可以判断一个高亮区域是否为缺陷区域。

5.4　焊缝缺陷和图像噪声的多类识别

在判别了分割后的焊缝高亮区域是否为缺陷区域之后，需要对缺陷的具体类型做出判断。在数学上可以通过构造多个二分类 SVM 组合实现多分类问题。

设计 SVM 多分类器的方法主要分为两类：一类是直接法，即直接在目标函数上进行修改，将多个分类面的参数求解合并到一个最优化问题中，通过求解该最优化问题，一次性实现多类对象的分类。这种方法看似简单，但计算的复杂度较高，实现较困难，只适合小型问题的分类。另一类是间接法，该方法通过组合多个二分类器来实现多分类器的构造。常见的多分类方法主要包括以下几种。

（1）“一对多”（one against rest，OAR）法。训练时依次把某个类别的样本作为正类，其余样本归为负类，即对 K 个类别分别构造出 K 个 SVM，分类时将未知样本分类为具有最大分类函数值的一类。该方法分类函数较少，分类速度相对较快，但训练时间长，存在分类重叠或者不可分类的现象。

（2）“一对一”（one against one，OAO）法。对每两类样本设计一个 SVM，则 K 个类别共需要 $K\cdot(K-1)/2$ 个 SVM。当对一个未知样本进行分类时，遍历每对 SVM，得票数最多的类别即为该未知样本的类别。该方法中每个优化问题的规模都较小，分类速度快，避免了不可分和分类重叠的问题，但会随着类别数目的增多而出现分类器数目成倍上涨的情况。

（3）有向无环 SVM。又称“半对半”（half against half，HAH）支持向量机或层次分类法。首先将所有类别分成两个子类，再将子类进一步划分成两个次级子类，如此循环，直到得到一个单独的类别为止。该方法所需要的分类器个数较少，但任一点的错分结果都会累积，导致后续分类结果错误。

此外，还有多类 SVM 分类、基于决策树的 SVM 分类和超球面 SVM 多值分类等多种 SVM 分类方法。

下面针对线形缺陷、圆形缺陷和噪声这 3 类对象进行分类识别，采集了这 3 类对象的 350 组特征数据，以此为数据集进行研究。研究采用“一对一”的 SVM 算法进行焊缝缺陷多类对象的识别。

首先，对数据库中的 3 类对象分别添加类别标签为 0、1、2。分别选取 3 类对象的特征参数各 30 组，构成 90×6 的训练集数据；分别选取噪声、圆形缺陷和线形缺陷的样本数据 88 组、87 组和 76 组，构成 251×6 的测试集数据。

其次，按照类似二分类的流程，分别对其进行归一化和 PCA 处理。

再次，采用网格搜索的方式，在区间 $[2^{-2},2^{-4}]$ 和 $[2^{-4},2^{4}]$ 中分别进行惩罚因子 c 和核函数参数 g 的寻优，并利用寻优结果进行 3 个分类器建模，参数 c 和 g 的寻优结果如图 5-6。

最后，采用投票的机制进行测试集样本的分类，得票数最多的类别则为该样本的最终类别，分类结果见表 5-3。

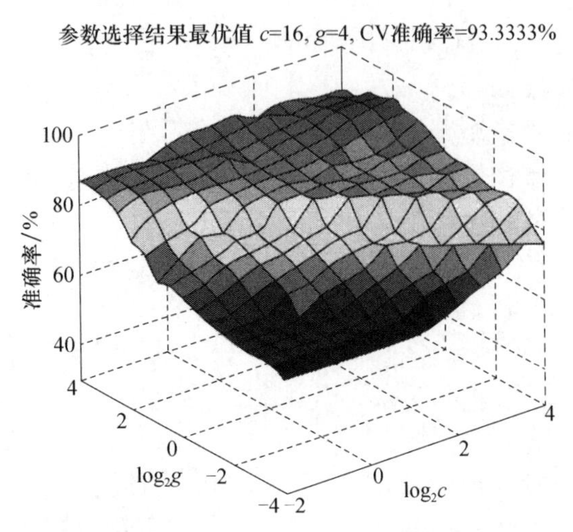

图 5-6　建模参数 c 和 g 的寻优结果

表 5-3　3 类对象的分类结果

数据类型	分类结果			边界支持向量	准确率/%	总体准确率/%	运行时间/s
	噪声	圆形缺陷	线形缺陷				
噪声	88	0	0	10	100		
圆形缺陷	1	73	13	16	83.908	91.2351	1.431240
线形缺陷	1	7	68	16	89.4737		

从表 5-3 可知，圆形缺陷的分类准确率为 83.908%，线形缺陷的分类准确率为 89.4737%。由混淆矩阵可知，造成这两部分分类准确率低的主要原因是相互间的错分较多，主要表现为圆形缺陷错分为线形缺陷。多分类的平均准确率为 91.2351%，与二分类相比平均准确率下降了 7.23%；运行时间为 1.431240s，较二分类过程，其时间增长了约 286ms。总体上，该方法可以较好地实现焊缝缺陷分类识别。

SVM 进行 X 射线焊缝缺陷分类也存在两方面的问题：①训练速度的问题。二次规划问题的复杂度主要是训练阶段的复杂度较高，相应的解分为两部分：解析解和数值解。解析解是理论上的精确值，其复杂度与最终支持向量的个数有关；数值解是可以使用的解，往往表现为近似解。求数值解的过程类似于穷举法，但不同的是，该方法一般通过某一算法寻找下一个点，并制定相应的停机条件，可见数值解的求解复杂度与具体的算法选取有关。②核函数的选择问题。关于核函数的选择目前尚无统一的标准，大多都是针对不同的应用领域，采用不同的核函数进行分类函数的构造。

由于实际分类问题中支持向量的数目是不可控的，故可以考虑从数值解的求解算法入手，通过选取合适的寻优算法来提高模型的训练速度和识别的实时性。

本书研究在焊缝缺陷识别过程中，经典 SVM 算法训练速度较慢的问题，可以通过以下两种途径解决该问题：①优化建模参数的寻优过程；②改变二次规划的求解方法。试验都是在 2G 内存、i5 处理器的硬件配置下，以 MATLAB R2008a 为实验平台，利用 LIBSVM 3.12 工具箱进行的。

5.5　基于模型参数优化的缺陷识别

1）粒子群优化算法

粒子群优化（particle swarm optimization, PSO）算法是一种基于群集协作的智能随机搜索算法。它通过群体中个体间的相互协作和信息共享来寻找参数最优解，可以同时搜索待优化目标函数解空间中的多个区域。该算法编程简单，收敛速度快，没有太多参数的调节，被广泛地应用于函数优化、神经网络训练以及其他遗传算法的应用领域。

PSO 算法原理是将待优化的参数初始化为 N 维空间中的粒子（随机解），每个粒子都有一个由目标函数决定的适应度，在每次的迭代中，粒子 x_i 更新自身的最优适应度 pbest_i 和全局最优适应度 gbest_i，并通过式（5-35）和式（5-36）更新自己的速度 v 和位置 x，使得距离 gbest_i 最近的粒子以速度 v_i 靠近当前的最优粒子，以此重复迭代，找到全局最优适应度下对应的位置信息，即最优参数组合。

$$v_i = \omega v_i + c_1 \times \text{rand}(\ ) \times (\text{pbest}_i - x_i) + c_2 \times \text{rand}(\ ) \times (\text{gbest}_i - x_i) \tag{5-35}$$

$$x_i = x_i + v_i \tag{5-36}$$

$$\omega(t) = \omega_{\min} + (\omega_{\max} - \omega_{\min}) \times \exp[-20 \times (t/T)^n] \tag{5-37}$$

式中，rand( )为介于（0,1）之间的随机数；c_1、c_2 为学习，通常取值为 2；ω 为惯性权重因子，代表全局搜索能力，在迭代初期需要取较大的 ω 以确定大致的最优位置，在迭代后期需要取较小的 ω 来实现精细查找。对此，本书采用了如式（5-37）所示的自适应权重算法，t 为当前迭代次数；T 为最大迭代次数，取初始惯性权重 $\omega_{\max}$ 为 0.9，取终止惯性权重 $\omega_{\min}$ 为 0.4，计算流程如图 5-7 所示。

2）基于 PSO-SVM 的识别算法

为了测试 PSO 算法对多类问题的分类效果，仍然选用 5.4 节中的训练集和测试集数据，只是对惩罚因子 c 和核函数参数 g 的寻优方法，用 PSO 算法代替了原有的搜索算法，寻优区间仍然为 $c \in [2^{-2}, 2^{-4}]$ 和 $g \in [2^{-4}, 2^{-4}]$，取种群的进化代数为 50，过程中以 3 折交叉验证的方法计算粒子的适应度（分类准确率）。按照图 5-7 所示的流程，搜索区域中 CV 意义下的最高准确率对应的参数组合，参数优化的结果如图 5-8 所示。

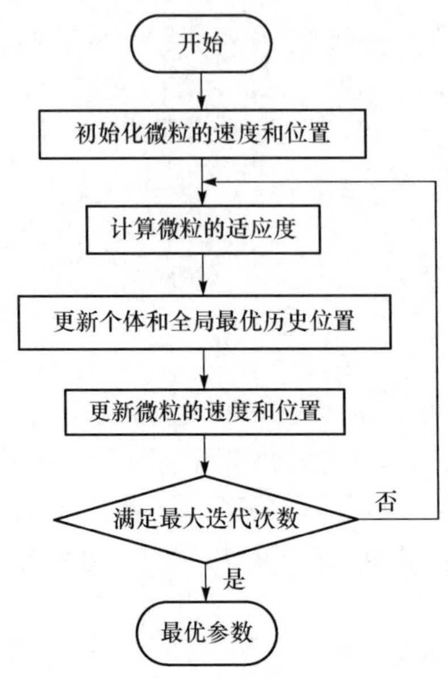

图 5-7　PSO 算法流程

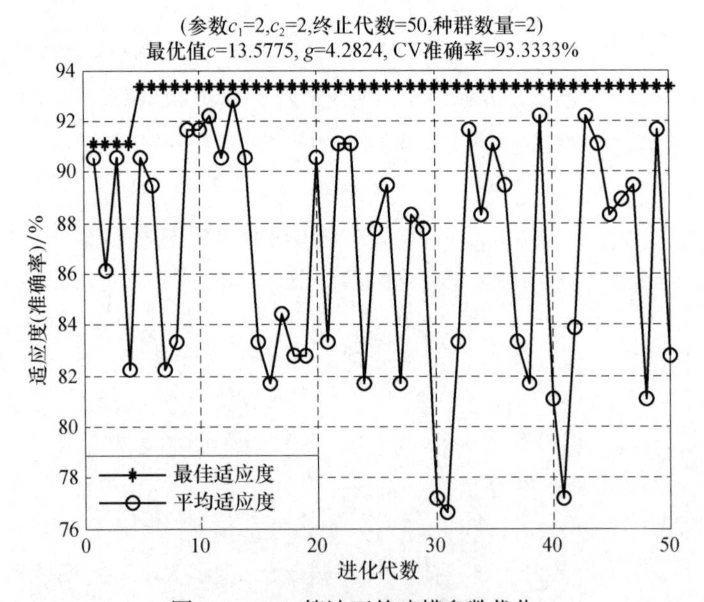

图 5-8　PSO 算法下的建模参数优化

由图 5-8 可知，利用 PSO 算法进行分类器建模参数 c 和 g 的整定时，仅需要将 2 个群体进化到第 5 代左右，即可查找到整个搜索范围内 CV 意义下的最高准确率，过程中整个种群的平均准确率变化较大，该方法的分类效果如表 5-4 所示。

表 5-4　PSO-SVM 算法下 3 类对象的分类效果

数据类型 \ 分类效果	支持向量数	准确率/%	最优进化代数	总体准确率/%	运行时间/s
噪声	10	100 (88/88)	5	91.2351 (229/251)	1.123797
圆形缺陷	17	83.908 (73/87)			
线形缺陷	16	89.4737 (68/76)			

从表 5-4 可知，基于 PSO 算法的参数优化方法能够在粒子进化至第 5 代左右，搜索到 CV 意义下网格搜索法所能达到的最高准确率，与表 5-3 的数据相比，PSO-SVM 方法的计算时间缩短了 308ms，并且取得了与网格搜索法同样高的分类准确率。不足之处在于，该方法的整体运行时间会随着种群数量的增长而成倍增长，但是对大范围内的参数寻优问题，该方法能表现出一定的优越性。

5.6　基于 GA-SVM 的焊缝缺陷识别

1）遗传算法

遗传算法（genetic algorithm，GA）是一种借鉴物种进化规律演化而来的随机搜索方法，与 PSO 算法类似，GA 的演化计算分为以下几个步骤。

（1）随机产生一组支持向量机参数，并以此构造初始群体。

（2）计算基于该组参数的支持向量机识别误差，从而确定其适应度函数值，一般以运行后返回误差平方和的倒数作为评价函数，误差越大，适应度越小。

（3）选择若干适应度函数值大的个体，根据交配概率，将候选解群体中的个体随机两两配对，进行交配操作，生成新的候选解。

（4）根据变异概率，对步骤（3）中生成的候选解群中的每个个体进行变异操作，通过使用选择机制形成新一代候选解。

（5）判断种群是否达到指标，若是，则终止训练；否则，转步骤（2）。相应的算法流程如图 5-9 所示。

2）基于 GA-SVM 的识别算法

为了与 PSO-SVM 算法的多分类效果做对比，仍采用 5.4 节中的数据集和同样的样本子集的划分。在惩罚因子 c 和核函数参数 g 的优化上，用 GA 代替了 PSO 算法。设置种群数量为 2，进化代数为 50，仍以 3 折交叉验证的方法计算单个染色体的适应度（分类准确率），取交叉概率 P_c=0.9，用单点交叉的方式进行交配操作，变异概率为 P_m=0.7/lind，lind 为染色体长度。按照图 5-9 所示的流程进行 GA 的参数寻优，结果如图 5-10 所示。

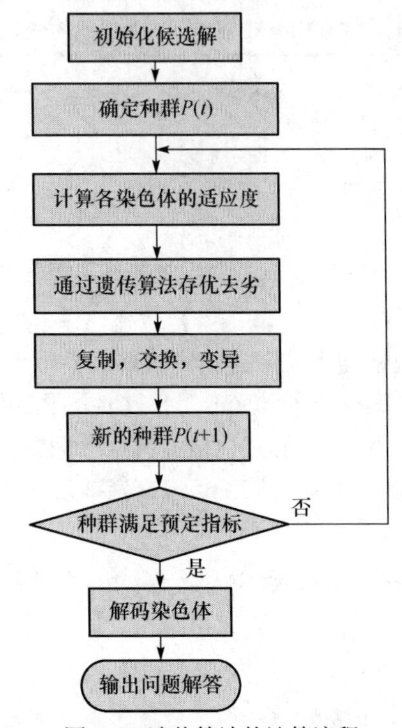

图 5-9　遗传算法的计算流程

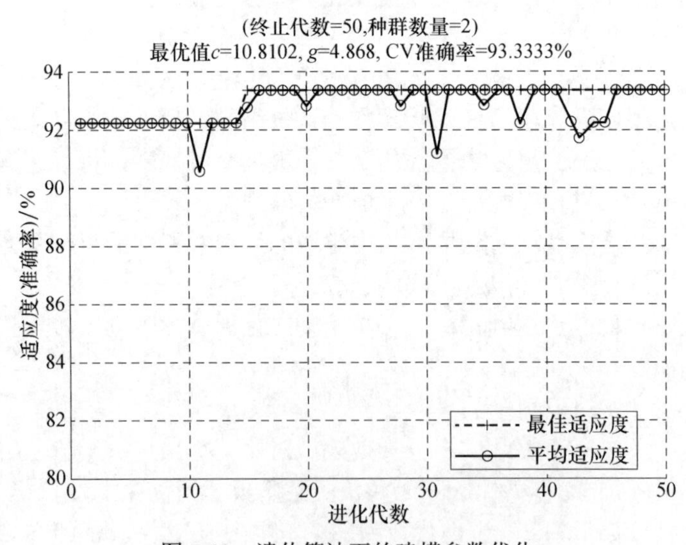

图 5-10　遗传算法下的建模参数优化

由图 5-10 可以看出，在同样的种群数量下，GA 也能找到 CV 意义下的最高分类准确率，但是，GA 却是在进化了将近 15 代以后才实现的，其寻优效率低于

PSO 算法。然而，相对于 PSO 算法，GA 下的平均适应度（平均准确率）更为集中一些。

这主要是二者的信息共享机制不同而造成的，在 GA 中，因为染色体间互相共享信息，所以整个种群的移动是比较均匀的向最优区域移动。在 PSO 算法中，只有 gbest 提供信息给其他的粒子，这是单向的信息流动。整个搜索更新过程是跟随当前最优解的过程，与遗传算法比较，在大多数的情况下，所有的粒子可能更快地收敛于最优解。GA-SVM 算法下的具体分类效果如表 5-5 所示。

表 5-5　GA-SVM 算法下 3 类对象的分类效果

数据类型 \ 分类效果	支持向量数目	准确率/%	最优进化代数	总体准确率/%	运行时间/s
噪声	14	100 (88/88)	15	91.2351 (229/251)	1.897604
圆形缺陷	16	83.908 (73/87)			
线形缺陷	18	89.4737 (68/76)			

由表 5-5 可知，基于遗传算法的参数优化方法能够在染色体进化至 15 代左右，搜索到 CV 意义下所能达到的最高分类准确率；且 GA-SVM 焊缝缺陷识别的准确率为 91.2351%，能达到与经典 SVM 算法和 PSO-SVM 算法一样高的总体分类准确率。该方法适用于大范围内的参数优化，但由于存在交叉和变异操作，相比于 PSO 算法，基于 GA 的 SVM 识别方法运行时间较长。

5.7　基于 LS-SVM 的焊缝缺陷识别

1. LS-SVM 算法

本章前几节中，SVM 二次规划问题的求解主要是通过序列最小优化（sequential minimal optimization，SMO）算法进行的，即把一个大的优化问题分解成一系列只含两个变量的优化问题，由于两个变量的最优化问题可以解析求解，从而避免了迭代求解二次规划的问题。本节从 SVM 的求解方法入手，利用最小二乘支持向量机（least square support vector machine，LS-SVM）求解。LS-SVM 算法采用最小二乘线性系统作为损失函数，通过求解线性方程组的方式代替经典算法中对二次规划的求解。相比于经典的 SVM 解法，LS-SVM 算法具有较小的复杂度和更快的求解速度。LS-SVM 算法将优化目标的损失函数定义为误差 ξ_i 的二次方，相应的优化函数如下：

$$\min J(w,\xi)=\frac{1}{2}w\cdot w+c\sum_{i=1}^{l}\xi_i^2 \tag{5-38}$$

$$\text{subject to} \quad y_i = \varphi(x_i) \cdot w + b + \xi_i, \quad i = 1, \cdots, L$$

用拉格朗日法求解满足 KKT 条件的参数，可得

$$w = \sum_{i=1}^{l} a\varphi(x_i), \quad \sum_{i=1}^{l} a_i = 0, \quad a_i = c\xi_i, \quad w \cdot \varphi(x_i) + b + \xi_i - y_i = 0 \tag{5-39}$$

定义核函数 $k(x_i, y_j) = \varphi(x_i, y_j)$ 是满足 Mercer 条件的对称函数，式（5-38）的优化问题可转为求解线性方程组：

$$\begin{bmatrix} 0 & 1 & \cdots & 1 \\ 1 & k(x_i, x_j) + 1/c & \cdots & k(x_i, x_j) \\ \vdots & \vdots & & \vdots \\ 1 & k(x_i, x_j) & \cdots & [k(x_i, x_j) + 1]/c \end{bmatrix} \begin{bmatrix} b \\ a_1 \\ \vdots \\ a_l \end{bmatrix} = \begin{bmatrix} 0 \\ y_1 \\ \vdots \\ y_l \end{bmatrix} \tag{5-40}$$

以此，得到的非线性分类器模型为

$$f(x) = \sum_{i=1}^{l} a_i k(x_i, x_j) + b \tag{5-41}$$

2. LS-SVM 的焊缝缺陷识别试验

为保证试验间的对比性，仍然按 5.4 节的试验环境和样本数据，对噪声、圆形缺陷和线形缺陷进行对比。在 LS-SVM 建模参数的整定上，采用网格搜索的方式，并且选取最小输出编码（minimum output coding，MOC）的方式实现从“多类”到“两类”的编码方案。相应的 LS-SVM 主要程序如下。

```
[trainset,testset,ps]= wholescale(trainset,testset);  //数据归一化处理
[Yc,codebook,old_codebook]=code(trainset_label,codefct);//多类问题编码
[gam,sig2]=tunelssvm({trainset,Yc,type,[],[],'RBF_kernel'},…
          [2^(-2)2^4;2^(-4)2^4],'gridsearch','crossvalidatelssvm',…
          {L_fold,'misclass'});     //建模参数整定
[alpha,b]=trainlssvm({trainset,Yc,type,gam,sig2,kernel_type,…
          preprocess});          //分类器模型训练
Yd0=simlssvm({trainset,Yc,type,gam,sig2,kernel_type,preprocess},…
          {alpha,b},testset);    //测试集分类测试
```

```
predict_label = code(Yd0,old_codebook,[],codebook);//解码分类结果
right=sum(~abs(predict_label-testlabel));  //计算分类正确的样本数目
```

按照以上步骤，以各类缺陷的特征数据作为输入，进行焊缝缺陷分类器的建模，分类效果如图 5-11。图中类别 1 为噪声，类别 2 为圆形缺陷，类别 3 为线形缺陷，具体的分类结果如表 5-6 所示。

从图 5-11 可以看出，基于 LS-SVM 的模式识别方法能够较有效地实现焊缝缺陷的分类识别，图中反映出类别 3（线形缺陷）和类别 2（圆形缺陷）之间的错分样本相对较多，个别点会被当作噪声处理，表 5-6 中的数据也印证了这一点，这与经典 SVM 多分类结果是相呼应的。然而，不同之处在于，LS-SVM 能有效地提高算法的运行速度，与 SVM 的多分类方法相比，基于 LS-SVM 的缺陷识别方法在实时性上提高了近 72%。

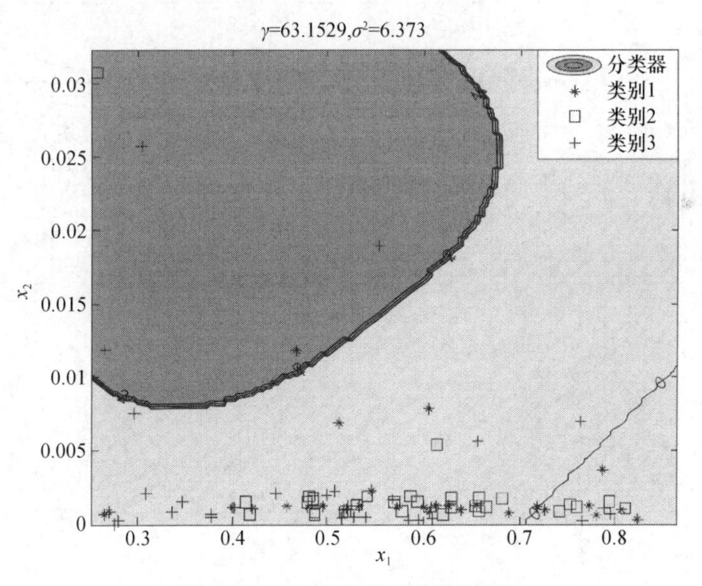

图 5-11　LS-SVM 的多分类效果

表 5-6　LS-SVM 算法下 3 类对象的分类效果

数据类型	分类效果			准确率/%	总体准确率/%	运行时间/s
	噪声	圆形缺陷	线形缺陷			
噪声	88	0	0	100 (88/88)		
圆形缺陷	1	77	9	88.5057 (77/87)	93.2271 (234/251)	0.394559
线形缺陷	1	6	69	90.7895 (69/76)		

5.8　本 章 小 结

研究发现，SVM算法在缺陷识别问题上的优势主要表现在对二分类问题的划分，集中表现为对焊缝缺陷和图像噪声的识别准确率均达到了98.4615%，能有效地对焊缝中的高亮区域是否为焊接缺陷做出判别。对于缺陷的多类识别问题，SVM算法在分类的准确率和实时性方面均有所下降，主要表现为对圆形缺陷和线形缺陷的分类能力不足，分类的平均准确率只有91.2351%，较二分类下降了7.23%，分类时间为1.43124s，较二分类增长了287ms，这主要是由于类别增多，而引起的分类器数目增多所产生的。各类方法的分类效果如表5-7所示。

表5-7　各类方法的分类效果

算法 分类效果	二分类	SVM	PSO-SVM	GA-SVM	LS-SVM
总体准确率/%	98.4615	91.2351	91.2351	91.2351	92.8287
运行时间/s	1.144505	1.431240	1.123797	1.897604	0.394559

在实际生产中，由于对类似线形缺陷的裂纹是零容忍的，因此还需要对基于SVM的缺陷识别进行更多的研究才能将其应用于实际缺陷检测中。

第6章　基于模糊模式识别的焊缝图像缺陷检测

本章针对实际工业生产过程中提取的X射线焊缝缺陷图像，提取其中的局部缺陷区域图片，将图片像素以向量的形式表示，图像的每一个像素直接作为缺陷的一个特征。但由于各维度特征之间存在描述上的冗余和线性相关，这也导致计算机处理时间的增加和内存不必要的浪费，从而使得检测过程实时性不足。针对此问题，可以利用主成分分析法进行特征向量的主元分析，以提高各输入变量间的线性无关性，同时也进一步减少特征数据的冗余描述。再将提取主元后的特征向量通过模糊数学的方法，实现对缺陷的识别。

6.1　缺陷图像分析焊缝图像降维

实际工业生产中的X射线成像检测系统所得的缺陷局部图像如图6-1所示，图6-1（a）中显示了330个圆形缺陷，图6-1（b）中显示了100个线形缺陷。

(a) 330个圆形缺陷灰度图像

(b) 100个线形缺陷灰度图像

图6-1　焊缝缺陷局部图像

可以发现，实际缺陷图像具有相似性，且具有较大噪声。无论识别对象是图像还是缺陷特征值，直接采用模糊识别方法都将面临数据量大和噪声干扰的问题。主成分分析法作为图像处理中一种常用的数据分析方法，借助于一个正交变换，把原先的N个特征用数目更少的M个特征取代，新特征是旧特征的线性组合，这些线性组合最大化样本方差，尽量使新的M个特征线性互不相关。这在代数上表现为将原随机向量的协方差矩阵变换为对角矩阵，在几何上表现为将原坐标系变换成新的正交坐标系，使之指向样本点散布最开的P个正交方向。这一过程称为“降维”，在降维的过程中，不仅能够去除噪声，还能从旧特征到新特征的映射过程中捕获数据中的固有变异性，以此发现数据中的模式。

将提取后存放于数据库中的 430 个缺陷的像素矩阵通过霍特林变换转化为一维列向量，具体实现如下。

设 X 为 49 维的随机变量，用 49 个基向量的加权来表示：

$$X = \sum_{i=1}^{n} \alpha_i \varphi_i \tag{6-1}$$

设 $\phi = (\phi_1, \phi_2, \cdots, \phi_n)$，$\alpha = (\alpha_1, \alpha_2, \cdots, \alpha_n)^{\mathrm{T}}$，则式（6-1）可用矩阵表示为

$$X = (\phi_1, \phi_2, \cdots, \phi_n)(\alpha_1, \alpha_2, \cdots, \alpha_n)^{\mathrm{T}} = \phi\alpha \tag{6-2}$$

取基向量为正交向量，即有

$$\phi_i \phi_j = \begin{cases} 1 & i = j \\ 0 & i \neq j \end{cases} \tag{6-3}$$

将式（6-2）两边左乘 ϕ^{T}，并考虑 ϕ 的正交性 $\phi^{\mathrm{T}}\phi = I$，得

$$\alpha = \phi^{\mathrm{T}} X \tag{6-4}$$

假设向量 X 的协方差矩阵为

$$R = E[XX^{\mathrm{T}}] \tag{6-5}$$

将式（6-2）代入式（6-5）可得

$$R = \phi E[\alpha\alpha^{\mathrm{T}}]\phi^{\mathrm{T}} \tag{6-6}$$

由式（6-6）可得

$$R = \phi \wedge \phi^{\mathrm{T}} \tag{6-7}$$

根据 ϕ 的正交性，将式（6-4）两边右乘 ϕ，可得

$$R\phi_i = \lambda_i \phi_i \quad (i = 1, 2, \cdots, n) \tag{6-8}$$

由以上各式可以看出，φ_i 是协方差矩阵 R 的特征值 λ_i 对应的特征向量。由于 R 为实对称矩阵，故其不同特征值对应的特征向量正交。

利用 PCA 对焊缝缺陷图像像素矩阵降维的算法步骤如下。

(1) 取数据库中 430 个缺陷样本 49 维的像素特征矩阵。首先，使用式（6-9）对特征向量进行特征中心化处理，矩阵中每一个元素减去该维数据的平均值再除以第 n 个观测变量的方差，变换后每一维的均值变为 0。

$$X_{mn} = \frac{x_{mn} - \overline{x}_n}{\sqrt{\mathrm{var}(x_n)}} \tag{6-9}$$

式中，$\text{var}(x_n)$ 为第 n 个样本的标准差。

（2）求步骤（1）中特征中心化处理后数据集的协方差矩阵 R。

（3）计算协方差矩阵 R 的特征值及特征向量，并对特征值由大到小排列，前 m 个依次为选取的主成分的方差。

（4）计算主成分方差贡献率和方差贡献率之和。计算方差贡献率之和是否大于规定的阈值 alphi 来确定 N 的值。

（5）最后结合前 N 个特征向量 $W_l=(w_{l1},w_{l2},\cdots,w_{lm})^{\mathrm{T}}$，计算原样本矩阵的主成分：

$$w_{kl}=X_k^{\mathrm{T}}W_l,\quad l=1,2,\cdots,m \tag{6-10}$$

将 330 组焊缝圆形缺陷和 100 组焊缝线形缺陷的像素数据矩阵根据以上步骤处理，将阈值 alphi 设置为 0.95，实验结果可得第一主元信息的方差贡献率为 96.906%，即可以保留大于 95%的特征信息。此时，特征矩阵从 430×49 的矩阵变成了 430×1 的矩阵，数据量由 168560 字节下降到 3440 字节，特征描述的数据量减少了 97.96%，在降维的同时提高了数据的线性无关性。将 PCA 算法应用到特征向量的优化，能够在很大程度上减少计算机内存资源的消耗，进而减少程序运行时间，提高了检测过程的实时性。考虑到传统提取几何特征的方法需要提取三维特征才能够保留大于 95%的特征信息，这里也提取前三个维度的主元特征做后续分析。

信息熵作为能够衡量信息量大小的物理量，当数据的不确定性越大时，熵越大，则信息量越大；数据的不确定性越小时，熵越小，相应的信息量越小。其计算公式如下：

$$\begin{gathered}H(U)=E[-\lg p_i]=-\sum_{i=1}^{n}p_i\lg p_i\\U=\{U_1,U_2,\cdots,U_n\}\end{gathered} \tag{6-11}$$

式中，U_n 为对应信源符号的 n 种取值；p_i 为每种取值对应的概率；U 中各取值相互独立。

通过选取缺陷部分几何特征的方法，对同样使用 PCA 降维后得到的主元特征向量，使用信息熵衡量两种方法在选取不同维度（即主元个数）时所能够涵盖的信息量，结果如表 6-1 所示。

表 6-1　信息熵对比

降维方法 \ 维数	一维	二维	三维
几何特征降维	0.4231	0.5315	0.5685
像素特征降维	1.0392	1.0701	1.0958

通过表 6-1 可以看出，同样经过 PCA 降维后得到的三个方差贡献率最高的特征向量，其像素特征矩阵所包含的信息量明显大于几何特征矩阵包含的信息量，这也说明选用像素特征作为以下模式识别的数据对象时，可以在同样保留 95%特征信息的情况下使用更少的数据，以达到缩减数据量，进一步提高识别过程的实时性。

接下来提取第一主元和第二主元像素特征数据，绘制二维像素特征分布的散点图，结果如图 6-2 所示。

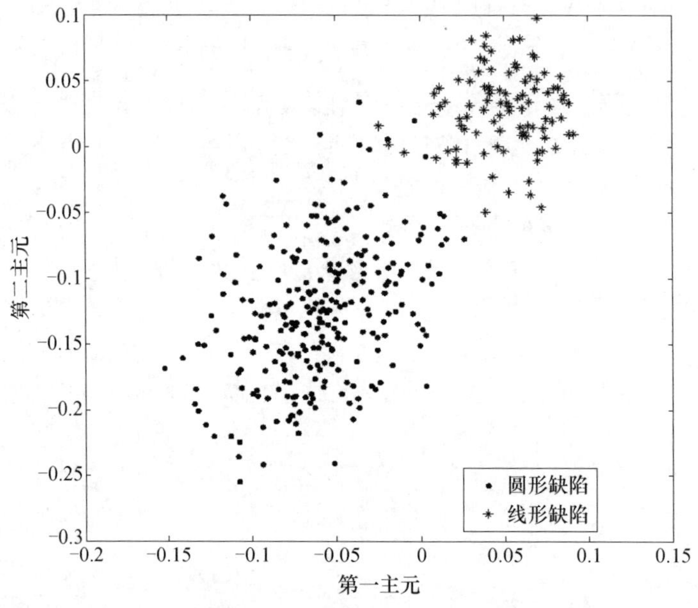

图 6-2　二维像素特征分布散点图

通过观察可以发现，圆形缺陷和线形缺陷的特征散点具有明显的分类趋势，只有在两个分类的交界处有交叉重合部分，可以采用模糊数学的方法进行分类，以期得到最符合实际的分类结果。

6.2　模糊 *C* 均值聚类算法

聚类分析是多元统计分析的一种，也是非监督模式识别的一个重要分支，它把一个没有类别标记的样本集按某种准则划分为若干个类别，使相似的样本尽可能的归为一类，而将不相似的样本尽量划分到不同的类别中。

模糊聚类算法是一种基于函数最优方法的聚类算法，使用微积分计算求取最优代价函数。由于在基于概率算法的聚类方法中将使用概率密度函数，为此要假定合适的模型。模糊聚类算法中，向量可以同时属于多个聚类，从而避免上述问题。在模糊聚类算法中定义了向量和聚类之间的近邻函数，并且聚类中向量的隶属度由隶属函数提供。在分类数给定的前提下，通过优化目标函数得到每个样本点对各个类中心的隶属度，寻找出最佳分类方案的方法称为模糊 C 均值聚类算法[78]（fuzzy C-means clustering algorithm）或模糊 ISODATA 聚类分析法。FCM 把向量 $X_i(i=1,2,\cdots,n)$分为 C 个模糊组，并求得每组的聚类中心，使得非相似性指标的价值函数达到最小。FCM 的价值函数或目标函数就是所有散点隶属度乘以该点与中心的欧氏距离之和。

假设被分类的圆形缺陷和线形缺陷对象的集合为 $X=\{x_1,x_2,\cdots,x_{430}\}$，其中，每个对象 x_k 均有 n 维的特征数据，这里设为 $x_k=(x_{1k},x_{2k},\cdots,x_{430k})$，如果把 X 分为 2 类，则它的每个分类结果都对应一个 $2\times N$ 阶的 Boolean 矩阵 $U=[u_{ik}]_{2\times N}$，对应的模糊二分类空间为

$$M_{fc}=\left\{U\subset R^{2N}\left|u_{ik}\in[0,1],\forall k,\forall i;\ \sum_{i=1}^{2}u_{ik}=1,\forall k;\ 0<\sum_{k=1}^{N}u_{ik},\forall i\right.\right\}\qquad(6\text{-}12)$$

在此空间上，对 2 类缺陷特征散点使用模糊 C 均值聚类算法，具体分类过程如下。

步骤 1：用 [0,1] 之间的随机数初始化隶属度矩阵 U，使其满足约束条件：

$$\sum_{i=1}^{2}u_{ik}=1,\quad \forall k=1,2,\cdots,n\qquad(6\text{-}13)$$

步骤 2：对提取的待识别像素特征向量 $\{x_1,x_2,\cdots,x_k\}$ 建立模糊识别矩阵，并采用式（6-14）所示的平移–极差变换对数据进行预处理：

$$x_k=\frac{x_k-\min\limits_{1\leqslant k\leqslant n}\{x_k\}}{\max\limits_{1\leqslant k\leqslant n}\{x_k\}-\min\limits_{1\leqslant k\leqslant n}\{x_k\}},\quad k=1,2,\cdots,n\qquad(6\text{-}14)$$

步骤 3：依据式（6-15）计算 2 类样本的聚类中心，不同维度下数据的具体计算结果如表 6-2 所示。

$$p_i^n=\frac{\sum_{k=1}^{N}(u_{ik}^{(n)})^m x_k}{\sum_{k=1}^{N}(u_{ik}^{(n)})^m},\quad 1\leqslant i\leqslant 2\qquad(6\text{-}15)$$

表 6-2　聚类中心坐标

类别	一维	二维	三维
$P1$	（0.0399,0.0399）	（0.0388,0.0165）	（0.0357,0.0131,0.0192）
$P2$	（−0.0679, −0.0679）	（−0.0637, −0.1371）	（−0.0634, −0.1371, −0.0293）

步骤 4：依式（6-16）计算欧几里得距离：

$$d_{ik}^2=(x_k-p_i^{(n)})^{\mathrm{T}}(x_k-p_i^{(n)}),\ \ 1\leqslant i\leqslant 2,\ \ 1\leqslant k\leqslant n \tag{6-16}$$

步骤 5：按如下方法更新隶属度矩阵。

当$1\leqslant k\leqslant N$时，如果$d_{ik}\neq 0$，则有

$$u_{ik}^{(n)}=\frac{1}{\sum_{j=1}^{2}(d_{ik}-d_{jk})^{2/(m-1)}} \tag{6-17}$$

反复更新，直至$\left\|U^{(n)}-U^{(n-1)}\right\|\leqslant\varepsilon$。

对 330 组圆形缺陷和 100 组线形缺陷的像素特征通过模糊 C 均值聚类算法聚类后的单一图像实验结果隶属度值及二分类结果如表 6-3 及表 6-4 所示。

表 6-3　单一图像实验结果隶属度值

维度 \ 检测效果	检出圆形缺陷	检出线形缺陷	未检出圆形缺陷	未检出线形缺陷
一维	0.7662	0.6513	0.2338	0.3487
二维	0.8032	0.8810	0.1968	0.1190
三维	0.8636	0.9573	0.1364	0.0427

表 6-4　二分类结果

维度 \ 检测效果	检出圆形缺陷	检出线形缺陷	未检出圆形缺陷	未检出线形缺陷
一维	302	83	28	17
二维	305	85	25	15
三维	306	85	24	15

通过表 6-4 可以看出，FCM 算法在本实验中表现出了较好的分类识别效果，但因为 FCM 采用的是迭代下降算法，所以算法受初始化的聚类中心影响较大，并不能保证收敛到全局最优解，有可能收敛到局部极值或鞍点，从而导致算法的鲁棒性不强。而一般情况下，模糊聚类算法在聚类中心附近随着距离的增加，算法的稳定性逐渐减弱，因此能够准确地计算初始聚类中心成为算法是否收敛到全局最优解的关键所在。

仅采用模糊 C 均值聚类算法对上述经 PCA 算法处理后各个维度的圆形缺陷像素矩阵和线形缺陷像素矩阵进行模糊分类识别，各维度识别结果如图 6-3～图 6-5 的散点图所示。

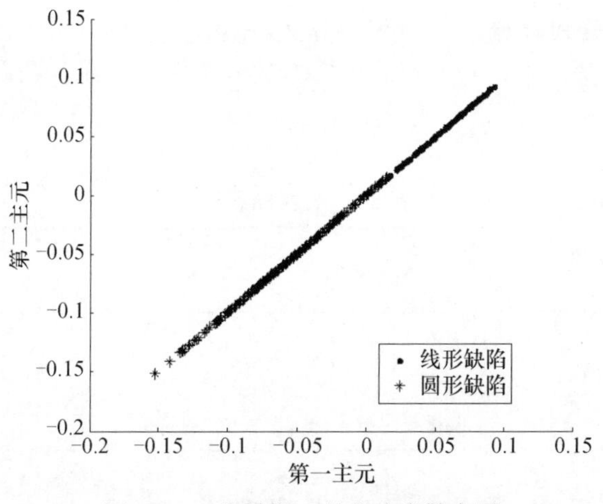

图 6-3 一维模糊 C 均值聚类散点图

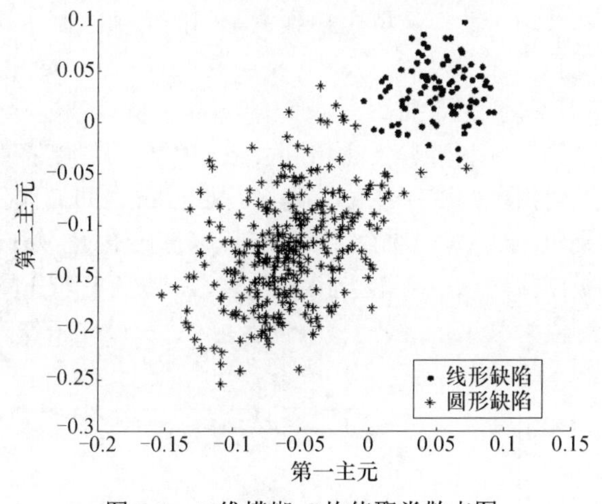

图 6-4 二维模糊 C 均值聚类散点图

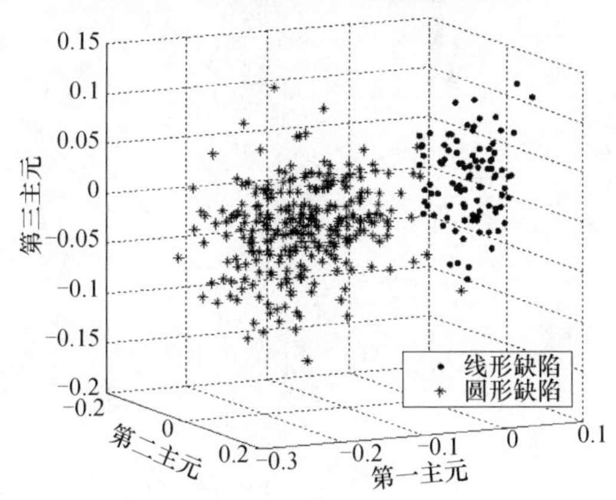

图 6-5 三维模糊 C 均值聚类散点图

可以发现，通过模糊 C 均值聚类算法，能够有效地将一维至三维的像素特征散点划分到两个类别中，对比实际各样本的分类情况，统计两个类别的分类正确率，结果如表 6-5 所示。

表 6-5　分类结果对比　（单位：%）

识别效果 / 维数	圆形缺陷识别率	线形缺陷识别率	识别率
三维	92.73	85.00	90.93
二维	92.42	85.00	90.70
一维	91.52	83.00	89.53

表 6-5 反映了圆形缺陷和线形缺陷在不同维度情况下的样本在选取某一阈值时分类的情况。本节基于此，选取由小到大不同的阈值绘制了一维至三维主元像素特征情况下的受试者工作特性（receiver operating characteristic，ROC）曲线，如图 6-6～图 6-8 所示。ROC 曲线是反映敏感性和特异性连续变量的综合指标，使用构图法揭示了敏感性和特异性的相互关系。ROC 曲线能够直观表现出分类的准确性，图中左上角黑色圆圈所在位置为 cut-off point，即最佳工作点，此时一维特征矩阵分类结果对应的 ROC 曲线下面积（area under ROC curve，AUC）为 0.8268，二维特征矩阵分类结果对应的 AUC 为 0.8477，三维特征矩阵分类结果对应的 AUC 为 0.8529。AUC 的值为 ROC 曲线所覆盖的区域面积，最佳工作点越靠近左上角，

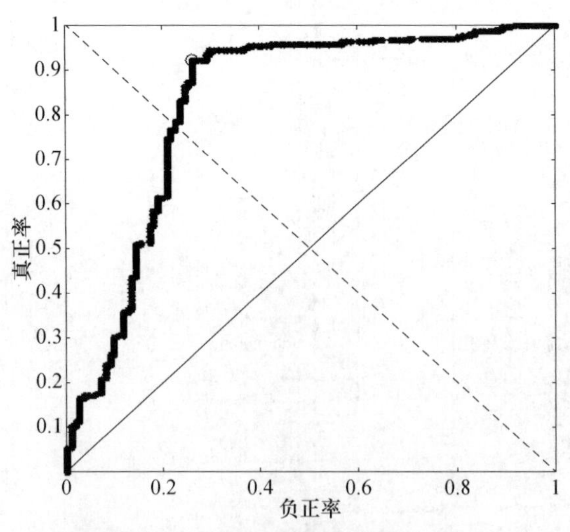

图 6-6　一维像素特征分类 ROC 曲线

AUC 的值相应越大，也就表明分类器的分类效果越好，因此利用 ROC 曲线可以较好地反映模糊 C 均值聚类算法分类识别的情况。

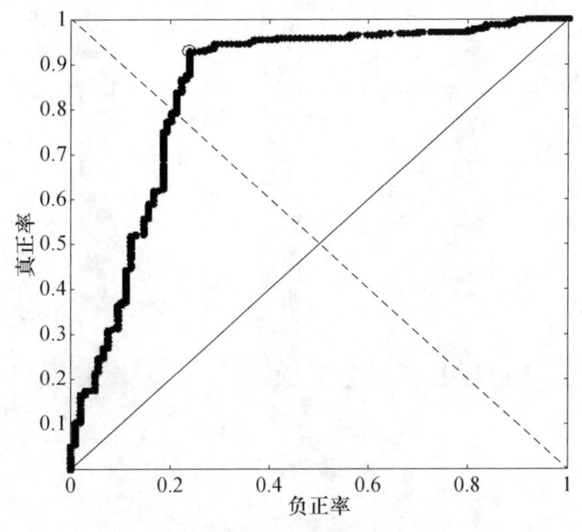

图 6-7　二维像素特征分类 ROC 曲线

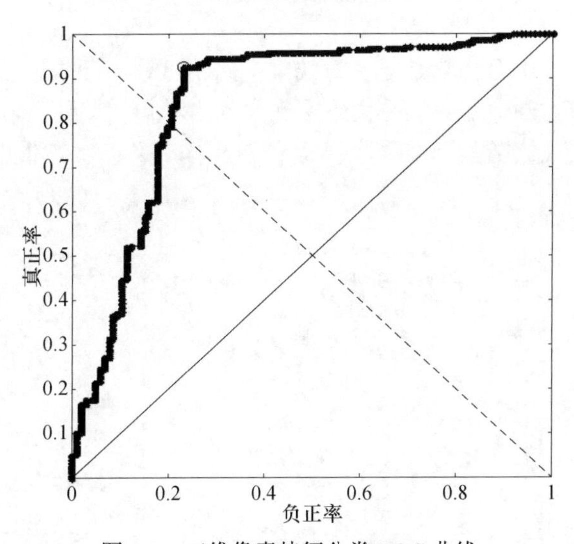

图 6-8　三维像素特征分类 ROC 曲线

对比传统的使用若干维度几何特征作为分类识别的数据，本节直接使用缺陷像素数据分类，两者最终的分类准确率对比如图 6-9 所示，图中黑色直方柱为传统方法识别率，灰色直方图为缺陷像素数据分类识别率。可以发现，采用像素数据分类的效果优于传统的采用几何特征的效果。这可能是由于直接采用像素数据避免了因分割计算几何特征值而引入的误差。

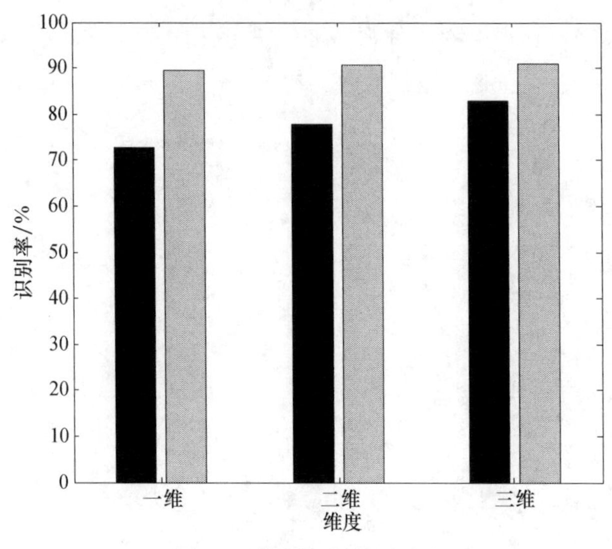

图 6-9　检测识别结果对比

6.3　FVM 结合 SVM 的缺陷分类

支持向量机的主要优势是能够将低维空间不可分问题映射到高维空间，它通过引入核函数，巧妙地解决了在高维空间中的内积运算问题。各种核函数中，非常典型的有多项式核函数、RBF 核函数和 Sigmoid 核函数。常见核函数的曲线如图 6-10～图 6-12 所示。

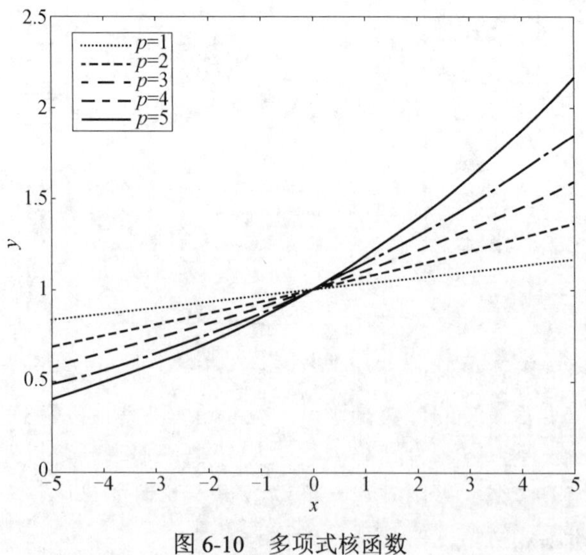

图 6-10　多项式核函数

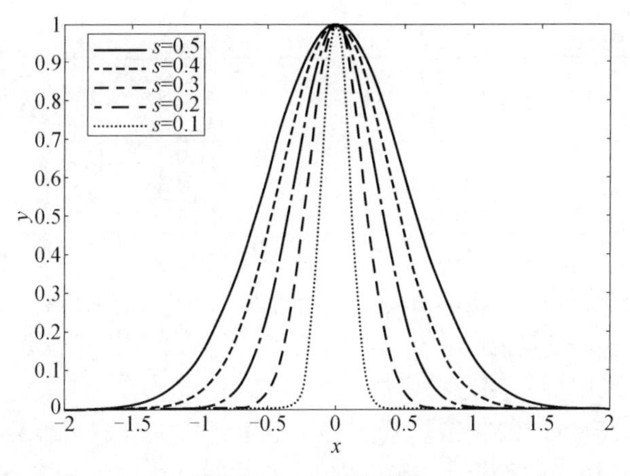

图 6-11　RBF 核函数

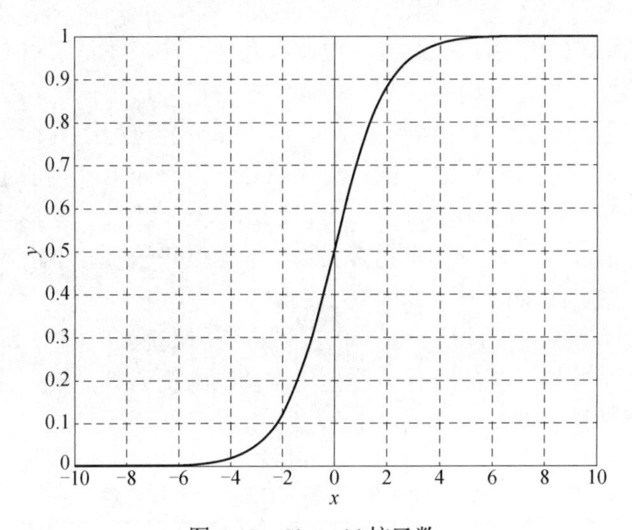

图 6-12　Sigmoid 核函数

从图 6-10～图 6-12 可以发现，多项式核函数在样本点附近随输入的变化，函数变化不大，具有良好的适应能力，但学习能力不足；RBF 核函数在样本附近随输入的变化，函数变化很大，具有良好的学习能力，但适应能力不足；Sigmoid 核来源于神经网络，SMO 算法采用了 Sigmoid 核函数，是效率较高的二次规划优化算法，针对线性 SVM 和数据稀疏时效果更为突出。利用三种核函数进行分类识别，结果如表 6-6 所示。

表 6-6　常用核函数分类结果对比

核函数类型 \ 检测效果	检出圆形缺陷	检出线形缺陷	未检出圆形缺陷	未检出线形缺陷	运行时间/ms
多项式核函数	176	45	154	55	740

续表

检测效果 / 核函数类型	检出圆形缺陷	检出线形缺陷	未检出圆形缺陷	未检出线形缺陷	运行时间/ms
RBF 核函数	309	90	21	10	1450
Sigmoid 核函数	311	91	19	9	1130

通过对比试验可以发现，RBF 核函数和 Sigmoid 核函数表现出了良好的性能，两者的分类准确率相差很小，但后者的识别效率比前者高了近 20%，原因在于 SMO 算法可以采用解析的方法将线性核 SVM 的计算表示为简单的内积，完全避免了二次规划数值解法的复杂迭代过程。这不但大大节省了计算时间，而且不会牵涉迭代法造成的误差积累。因此，SMO 算法对线性支持向量机最为有效，当大多数 Lagrange 乘子都在边界上时，SMO 算法的效果会更好。尽管 SMO 算法的计算时间仍比训练集大小增长快得多，但比起其他方法，还是增长得慢一个等级。

通过对模糊 C 均值聚类算法与支持向量机的序列最小优化算法的对比试验可以看出，前者因为避免了分类器的设计，所以在分类过程中具有算法简洁、计算量较小、运行速度较快的优点，但对于隶属度接近，即两个类别边界处的样本点识别准确率不高。SMO-SVM 虽然由于算法的优势，相较于其他类型的 SVM 具有较快的运行速度，但相较于模糊聚类算法，速度仍较慢，不过其具有分类准确率高的优点，尤其是对线形可分的数据集。

因此，可以考虑对大量易于区分的样本点使用快速的模糊 C 均值聚类算法进行分类，而对于难以区分的边界点则使用支持向量机分类。首先利用 FCM 计算得到的单张成功检测图像的隶属度值如表 6-7 所示。

表 6-7 像素特征单一图像实验隶属度值

检测效果 / 维数	检出圆形缺陷	检出线形缺陷	未检出圆形缺陷	未检出线形缺陷
一维	0.5662	0.4513	0.4338	0.5487
二维	0.4032	0.5810	0.5968	0.4190

由于隶属度处于 0.4～0.6 的样本点属于两个类的边界区域，难以准确划分，容易造成误判，故将其标记为有待二次识别的样本，并单独提取出来，以此构成试验的数据集，再借助 RAD Studio XE 平台上采用 SMO 算法的 SVM 支持向量机进行焊缝缺陷类型的二类识别。实验步骤如下。

（1）标记数据库中圆形缺陷类为 1，线形缺陷类为 –1。选取训练集样本 200 组，其中，圆形缺陷和线形缺陷的特征数据各 100 组。测试集样本即上文所述边界区域样本所构成的数据集共 43 组，其中，圆形缺陷数据 21 组，线形缺陷数据 22 组。

（2）采用 SMO-SVM 算法，首先通过 SVM 的 Init 过程对 SMO-SVM 的参数进行初始化设置，包括输入样本向量的维度、核函数等参数。随机选取数据库中的圆形缺陷和线形缺陷样本各 100 组作为训练集，因为不同的特征描述代表的物理意义各不相同，所以不同的特征参数取值范围也不相同。通过数据归一化方法分别对圆形缺陷和线形缺陷的训练集进行数据预处理，取归一化区间为 [0,1]，将处理后的训练集样本通过 SVM 的 Learn 方法添加标签后进行训练。算法先在整个训练集上进行迭代，找出不满足 KKT 条件的样本，然后对不满足 KKT 条件的样本进行优化，遍历所有训练集样本进行迭代，直到所有样本在设定的误差 ε 内满足 KKT 条件为止。故 SMO 算法主要的耗时过程集中在对不满足 KKT 条件样本的优化上。接着，将数据库中新的样本逐一通过 predict 方法进行预测，对于圆形缺陷，若预测结果大于零，则 TP（检出圆形缺陷）计数加一，否则 FN（未检出圆形缺陷）计数加一；对于线形缺陷，若预测结果小于零，则 TN（检出线形缺陷）计数加一，否则 FP（未检出线形缺陷）计数加一。最终 SVM 二分类结果如表 6-8 所示，而对于相同的数据点，上文所述模糊聚类算法的二分类结果如表 6-9 所示。

表 6-8　SVM 二分类结果

分类效果 / 维数	TP	TN	FP	FN
一维	14	13	7	9
二维	14	14	7	8

表 6-9　模糊聚类算法的二分类结果

分类效果 / 维数	TP	TN	FP	FN
一维	7	10	14	12
二维	8	10	13	12

（3）用测试集数据对训练所得的 SVM 分类器模型进行测试，测试结果如图 6-13 所示，分类器的 ROC 曲线如图 6-14 所示。

从表 6-8 和表 6-9 可以看出，作为一种智能分类方法，当大多数 Lagrange 乘子都在边界附近时，SMO 算法与模糊聚类算法相比，拥有更好的分类效果。综上所述，结合了模糊聚类算法和 SMO-SVM 算法的圆形缺陷和线形缺陷二分类过程的最终识别结果如表 6-10 所示。

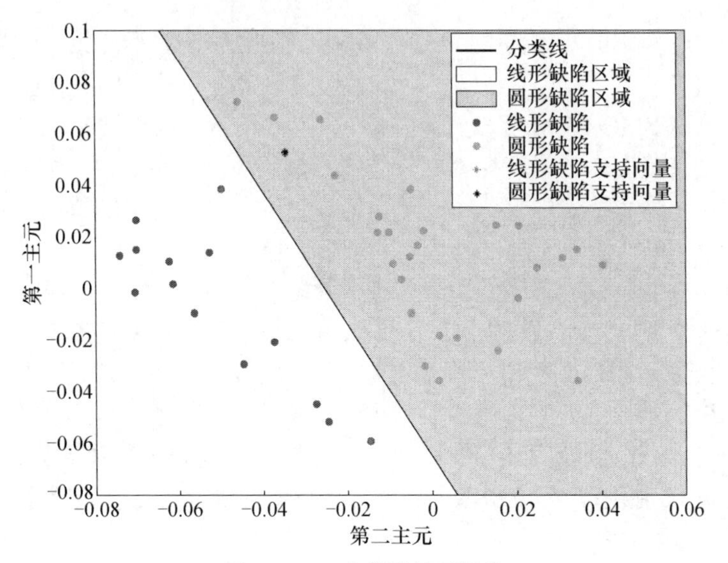

图 6-13　二分类结果可视化

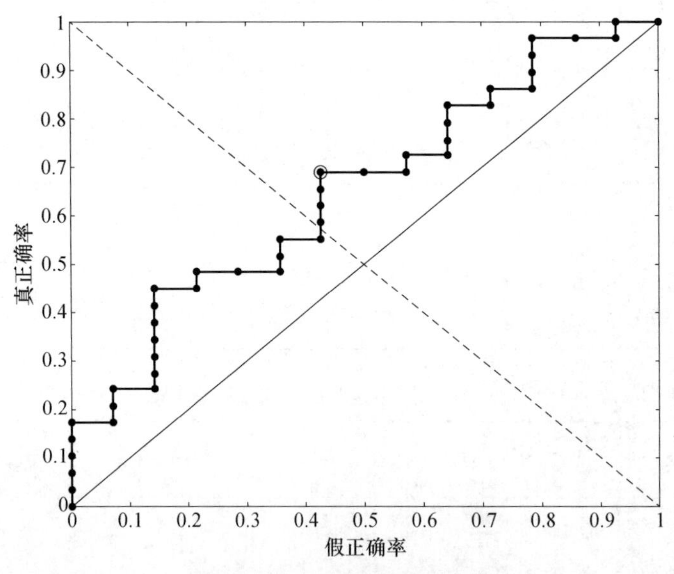

图 6-14　SVM 识别 ROC 曲线

表 6-10　二分类结果

维数 \ 分类效果	检出圆形缺陷	检出线形缺陷	未检出圆形缺陷	未检出线形缺陷	识别率/%	运行时间/ms
一维	308	89	22	11	92.326	740
二维	310	90	20	10	93.023	870

通过表 6-10 可以看出，FCM 聚类与 SMO-SVM 算法结合后，识别率比单纯使用 FCM 聚类提高了 3%左右，运行速度比单纯使用 SMO-SVM 提高了 20%以上，故该算法具有一定的优越性。

6.4　并行计算的引入

SVM 分类计算主要存在两方面的问题。

（1）算法耗时的问题。二次规划问题的复杂度主要是训练阶段的复杂度，相应的解分为两部分：解析解和数值解。解析解就是理论上的精确值，其复杂度与最终支持向量的个数有关，最坏情况下，如果支持向量的个数为 Nsv，那么解析解的时间复杂度可以达到 $O(Nsv^3)$；数值解是可以使用的解，往往表现为近似解。求数值解的过程类似于穷举法，但不同的是，该方法一般通过某一个算法寻找下一个点，并制定相应的停机条件，因此数值解的求解复杂度与具体的算法选取有关。虽然本书选取的 SMO 算法可以采用解析的方法完全避免二次规划数值解法的复杂迭代过程，大大节省计算时间，而且对线性支持向量机十分有效，但其计算时间仍比训练集大小增长快得多。

（2）分类准确率的问题。SVM 为了兼顾运算耗时的问题，在对训练集的选择上一般会控制数据集的大小和维度，即选择均为非常有代表性的样本图像，因此对于一些在视觉感官上不是非常规范的缺陷，对其提取的特征也会与训练集样本存在一些差异，因而样本的选择对于识别结果也会产生较大的影响。

研究针对焊缝缺陷识别过程中存在的 SVM 算法运算速度较慢和分类准确率较低的问题，提出了以下方法进行实验：①采用并行编程技术对支持向量机算法进行加速；②采用数据模板技术，优化 SVM 训练集样本的选择。试验都是在 2G 内存、i5 处理器的硬件配置下，以 RAD Studio XE 为开发平台，利用课题组自主研发的焊缝缺陷检测平台进行实验。

在传统并行系统中，一个进程在自己的虚拟地址空间内可能包含了多个线程，进程则被定义为程序的一次动态执行过程，是作为资源分配和保护单元所使用的。线程被定义为操作系统的调度单元，每个线程均被赋予独立的执行状态和上下文结构，并行程序往往包含多个任务以充分利用系统中的每个处理节点，而在多核处理器并行系统中，每个进程则包含了多个并发线程来充分利用每个处理节点中的各个内核，而各个线程之间则通过共享存储进行通信。多线程的优点不仅在于在某个进程内，创建线程比创建一个单独的进程快，而且在同一进程中，线程间的切换所需时间也会相对短很多。将可以同时执行的并行化任务，通过不同的线程执行的效率也远比使用单线程操作的效率高，而在如今，已普遍使用的多处理器的内核下，执行的效果更为明显。本书采用两线程的并行处理，各线程的任务及交互关系如图 6-15 所示。

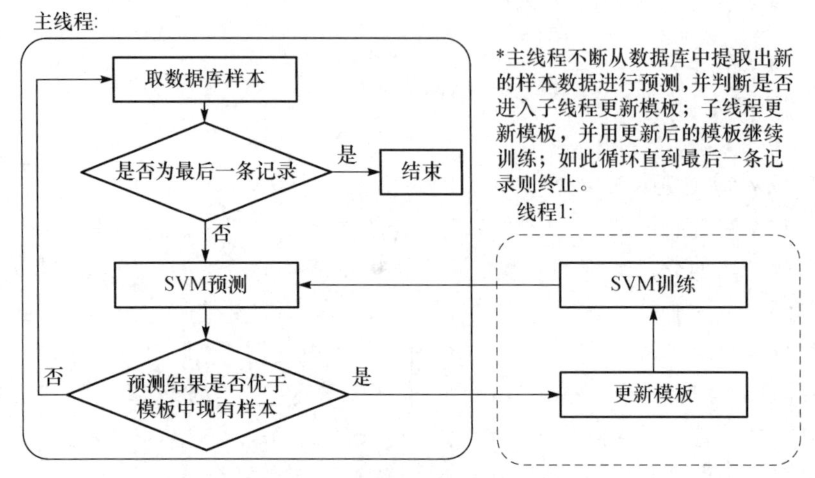

图 6-15　线程任务及交互过程

当多线程同时访问同一进程中的地址空间时，各个线程可直接访问进程空间的资源，而无需进行内核之间数据的交换，在很大程度上减少了通信的开销。但由于多线程编程技术的复杂性以及共享资源同时产生的线程同步问题制约了其发展，随着线程的增加，系统开销逐渐增加，以至于影响了程序的执行效率，因此，解决同步协调问题成为并行技术使用的关键。为保证各个子线程调用的安全，可将线程中的执行部分放到主线程中按顺序执行，在需要同步的子线程中调用同步化方法。本书在进行并行试验的过程中，使用的是经 PCA 降维后的像素特征矩阵，并引入数据模板技术来进一步提高识别的准确率，实验过程如下。

从数据库中先任意选取 50 个圆形缺陷样本和 50 个线形缺陷样本作为模板。首先利用模板中的数据对支持向量机进行学习训练，然后使用训练好的 SVM 对模板数据进行预测分类，并记录每个样本的特征数据和预测评价结果。其中，一条线程不断从数据库读取新的样本特征数据送入上一轮训练好的 SVM 中进行预测，如果评价结果大于圆形缺陷模板中评价结果的最小值或者评价结果小于线形缺陷模板中评价结果的最大值，则将该样本更新到对应的模板中替换这个评价结果不佳的样本，否则，不更新模板样本；同时，另外一条线程不断使用更新后的模板数据重新对支持向量机进行训练。整个循环过程利用上述的并行编程方法和同步协调机制将这两方面的任务分配到两个 CPU 上进行运算。最后，将更新训练过后的 SVM 用于识别隶属度较为接近的 43 个样本点，模板更新次数及对应的二分类结果如表 6-11 所示，结合数据模板技术前后所得二分类的结果如表 6-12 所示。

表 6-11　模板更新次数及二分类结果对比

更新次数	圆形缺陷识别率/%	线形缺陷识别率/%	总体识别率/%
0	66.67	59.09	62.79
7	71.43	63.64	67.44
20	71.43	68.18	69.77
50	76.19	72.73	74.42
430	80.95	72.73	76.74

表 6-12　二分类结果

分类结果 / 模板使用	检出圆形缺陷	检出线形缺陷	未检出圆形缺陷	未检出线形缺陷	识别率/%	运行时间/ms
未使用模板	308	89	22	11	92.33	740
使用模板	317	94	13	6	95.58	610

上述实验均在 2G 内存、2 核 i5 处理器的硬件配置下完成，在串行单个 CPU 计算的情况下，分类器耗时为 870ms。采用并行编程技术以及数据模板技术后，虽然训练集样本数量由 200 个增大为 430 个，但耗时却缩短为 610ms。与表 6-10 中最好的分类成功率方法相比，时间节约 260ms，而且分类准确率也提高了 2.557%，故该方法是切实可行的。CPU0 与 CPU1 分别在串行和并行程序执行时的使用情况如图 6-16 及图 6-17 所示。

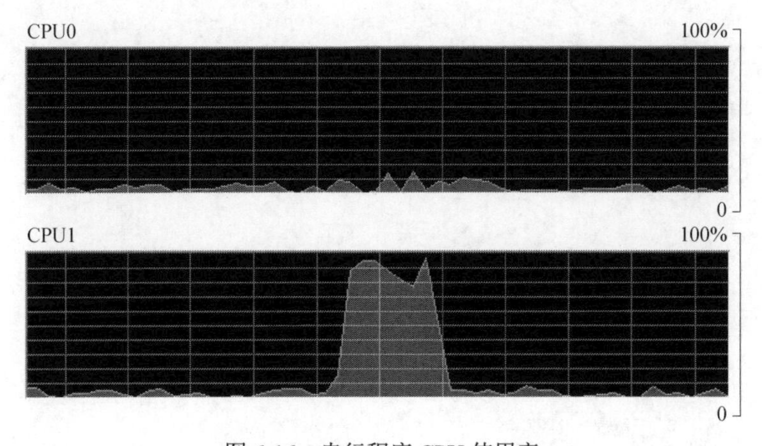

图 6-16　串行程序 CPU 使用率

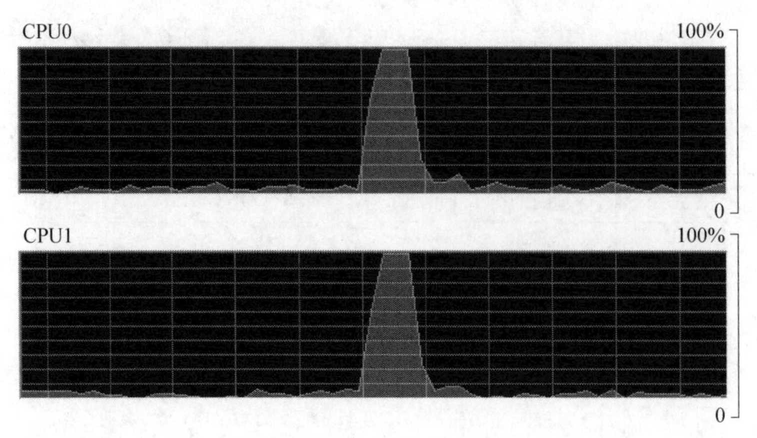

图 6-17　并行程序 CPU 使用率

6.5　缺陷分类模型构建

在前述章节对圆形缺陷和线形缺陷的分类中，基于 SVM 的方法可以取得较好的分类效果。为了进一步得到一个更为简易、方便和实用的缺陷分类模型，本节研究通过使用最小二乘法对分类曲线进行拟合。具体步骤如下。

（1）将使用 SMO-SVM 算法进行缺陷分类过程中计算得到的两个类别的支持向量提取出来，分别组成圆形缺陷支持向量集合 A 和线形缺陷支持向量集合 B。分别计算集合 A 中的每个数据点与集合 B 中的每个数据点的中点坐标，组成拟合数据集 C。

（2）设拟合多项式为 $y=a_0+a_1x+\cdots+a_kx^k$，其中 x、y 分别为数据集 C 中每个点的横纵坐标值。计算各点到该曲线距离的平方和 R^2：

$$R^2=\sum\nolimits_{i=1}^{n}[y_i-(a_0+a_1x_i+\cdots+a_kx_i^k)]^2 \tag{6-18}$$

（3）为了求得符合条件的 a 值，对等式右边求 a_i 的偏导数，并对等式左边进行化简，可得

$$\begin{aligned}&a_0n+a_1\sum_{i=1}^{n}x_i+\cdots+a_k\sum_{i=1}^{n}x_i^k,\\&a_0\sum_{i=1}^{n}x_i+a_1\sum_{i=1}^{n}x_i^2+\cdots+a_k\sum_{i=1}^{n}x_i^{k+1},\\&\cdots\cdots\\&a_0\sum_{i=1}^{n}x_i^k+a_1\sum_{i=1}^{n}x_i^{k+1}+\cdots+a_k\sum_{i=1}^{n}x_i^{2k}\end{aligned} \tag{6-19}$$

（4）将以上化简后的各式表达为矩阵形式，可得

$$\begin{bmatrix} n & \sum_{i=1}^{n} x_i & \cdots & \sum_{i=1}^{n} x_i^k \\ \sum_{i=1}^{n} x_i & \sum_{i=1}^{n} x_i^2 & \cdots & \sum_{i=1}^{n} x_i^{k+1} \\ \vdots & \vdots & \ddots & \vdots \\ \sum_{i=1}^{n} x_i^k & \sum_{i=1}^{n} x_i^{k+1} & \cdots & \sum_{i=1}^{n} x_i^{2k} \end{bmatrix} \begin{bmatrix} a_0 \\ a_1 \\ \vdots \\ a_k \end{bmatrix} = \begin{bmatrix} \sum_{i=1}^{n} y_i \\ \sum_{i=1}^{n} x_i y_i \\ \vdots \\ \sum_{i=1}^{n} x_i^k y_i \end{bmatrix} \tag{6-20}$$

将此范德蒙矩阵化简后可得

$$\begin{bmatrix} 1 & x_1 & \cdots & x_1^k \\ 1 & x_2 & \cdots & x_2^k \\ \vdots & \vdots & & \vdots \\ 1 & x_n & \cdots & x_n^k \end{bmatrix} \begin{bmatrix} a_0 \\ a_1 \\ \vdots \\ a_k \end{bmatrix} = \begin{bmatrix} y_1 \\ y_2 \\ \vdots \\ y_n \end{bmatrix} \tag{6-21}$$

即 $X * A = Y$，那么 $A = (X' * X) - 1 * X' * Y$，便得到了系数矩阵 A。通过以上步骤计算可得分类边界的最小二乘法拟合结果，如图 6-18～图 6-20 所示。

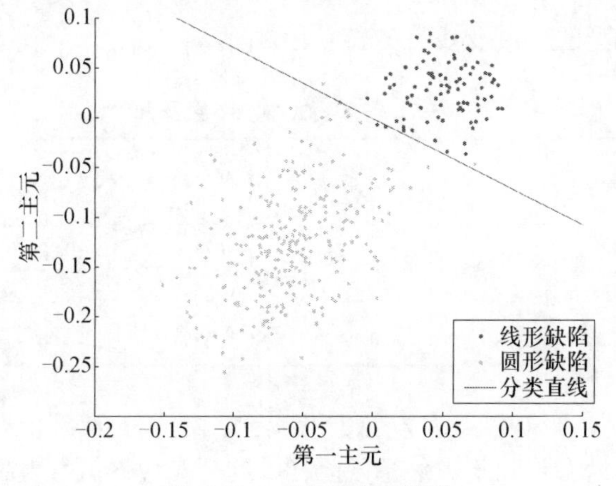

图 6-18　一次多项式模型

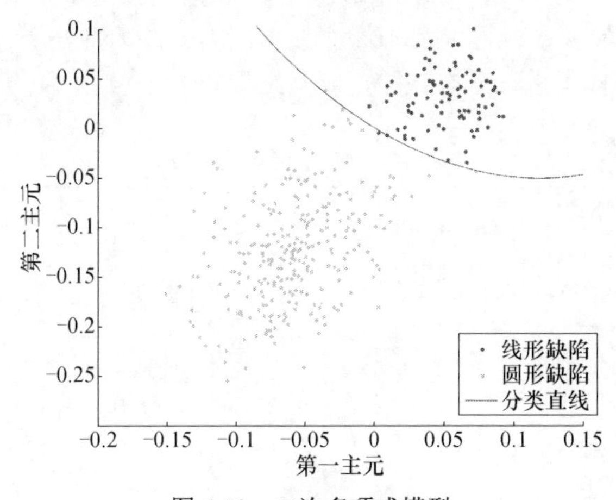

图 6-19　二次多项式模型

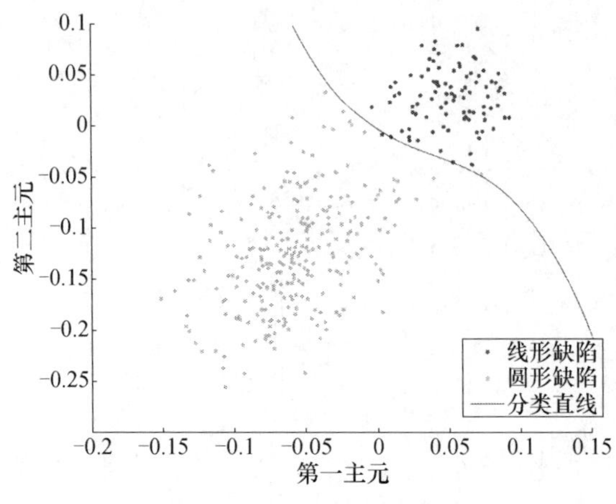

图 6-20　三次多项式模型

各多项式模型的参数及残差如表 6-13 所示。

表 6-13　各多项式模型参数及残差

模型＼参数	a_0（三次项）	a_1（二次项）	a_2（一次项）	a_3（常数项）	残差
一次多项式模型	0	0	−0.71486	−0.00040834	0.036259
二次多项式模型	0	3.6689	−0.86257	−0.0010645	0.032993
三次多项式模型	−86.388	9.9491	−0.90395	−0.0023077	0.032606

由图 6-18～图 6-20 以及表 6-13 可以得到，模型对于经过 FCM 和 SMO-SVM 算法分类后的焊缝圆形缺陷和线形缺陷样本的分类边界拟合效果较好。为了进一步验证所建模型的准确度，可以再从数据库中另外采集两组样本，每组分别包括 100 个圆形缺陷的像素特征以及 100 个线形缺陷的像素特征。分别使用以上建立的各模型对两组样本进行分类试验，分类结果如表 6-14 所示。

表 6-14　模型分类实验结果　　（单位：%）

模型＼准确率		圆形缺陷准确率	线形缺陷准确率	总体准确率
一次多项式模型	样本一	93（93/100）	88（44/50）	91.33（137/150）
	样本二	92（92/100）	84（42/50）	89.33（134/150）
二次多项式模型	样本一	95（95/100）	92（46/50）	94.00（141/150）
	样本二	93（93/100）	88（44/50）	91.33（137/150）
三次多项式模型	样本一	95（95/100）	92（46/50）	94.00（141/150）
	样本二	94（94/100）	88（44/50）	92.00（138/150）

两组实验的实际分类和模型分类对比如图 6-21 及图 6-22 所示。图中的类别标签“1”为圆形缺陷，“−1”为线形缺陷。

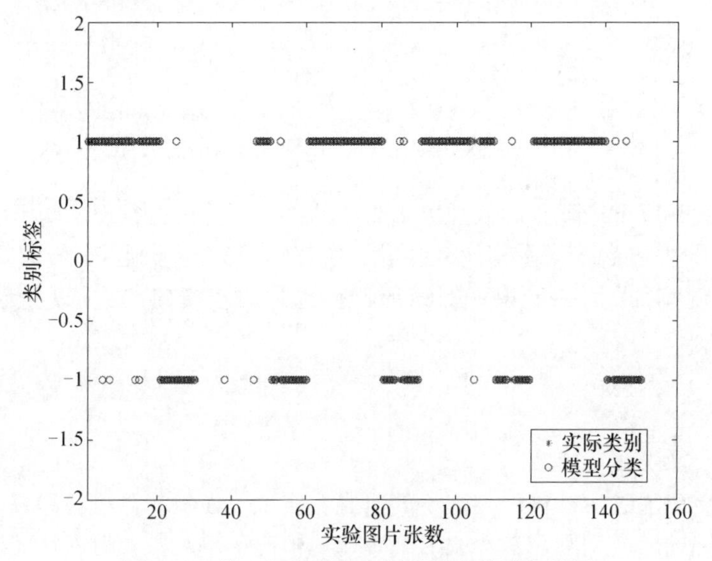

图 6-21　第一组实验的实际分类和模型分类图

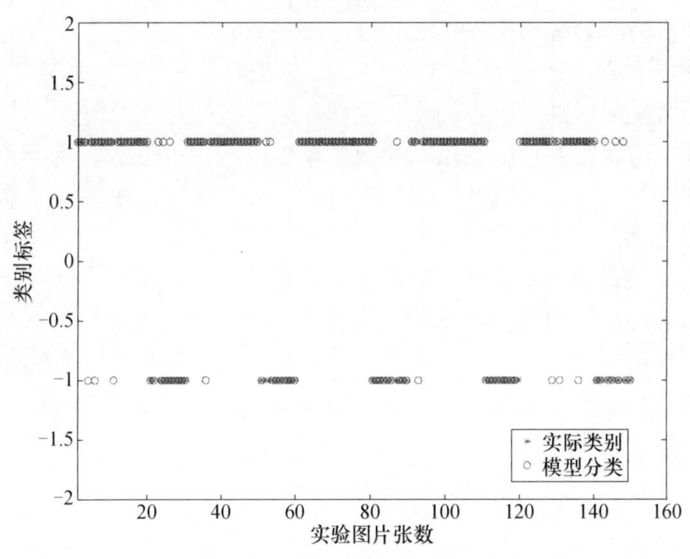

图 6-22　第二组实验的实际分类和模型分类图

由图 6-21、图 6-22 及表 6-14 可以得到，基于二维特征建立的线性模型对于焊缝圆形缺陷和线形缺陷的识别效果较好，总体准确率在 93%左右。两组实验未能准确识别的圆形缺陷和线形缺陷如图 6-23 及图 6-24 所示。

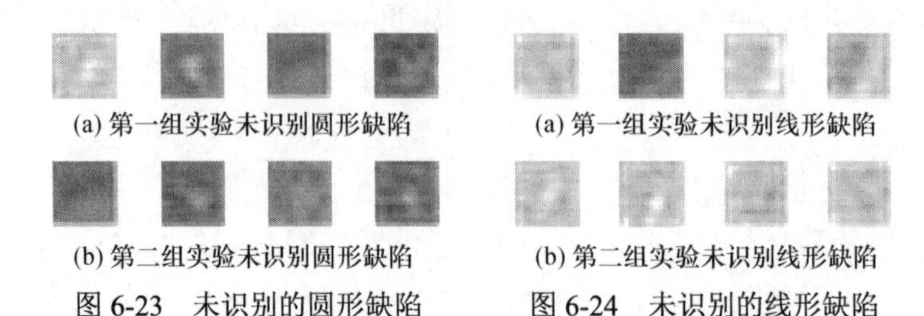

(a) 第一组实验未识别圆形缺陷　　(a) 第一组实验未识别线形缺陷

(b) 第二组实验未识别圆形缺陷　　(b) 第二组实验未识别线形缺陷

图 6-23　未识别的圆形缺陷　　图 6-24　未识别的线形缺陷

通过观察以上未能正确识别缺陷类型的部分图片可以发现，两组实验中未能准确识别出的圆形缺陷图都比较模糊，或有的虽为圆形缺陷，但却呈现出线形曲线的视觉特征；而未能识别的线形特征也是比较模糊，或呈现为圆形的视觉特征。

6.6 本章小结

本章首先通过对模糊聚类理论的研究，实现了 FCM 算法的焊缝中圆形缺陷和线形缺陷的二类判别，在选取二个主元的情况下，对二者的识别准确率达到了 90.7%。然后，研究针对 FCM 在边界附近样本点识别准确率不足的问题，提出采用支持向量机的序列最小优化算法对边界区域的样本点进行二次识别，在选取二个主元的情况下，结合 FCM 和 SMO-SVM 算法的最终识别率达到了 93.023%。

针对焊缝缺陷识别过程中的实时性和准确率之间存在的问题，在支持向量机的算法进程中结合了并行编程技术和数据模板技术。实验结果显示，平均准确率较原来的 SMO-SVM 算法提高了 2.557%，运行时间则是在训练样本增加的情况下仍缩短了约 30%。

最后，通过最小二乘法对二分类后的样本数据进行多项式模型的构建，将构建好的模型应用于新的缺陷样本的分类实验，结果显示，分类准确率在 92%～94%。分析其中分类错误的样本，可以看出，其对应的缺陷图片均较为模糊，而且圆形缺陷在视觉上与线形缺陷较为类似，线形缺陷在视觉上则与圆形缺陷类似。

第7章　基于稀疏描述的缺陷识别

7.1　问 题 描 述

从已有的研究可以得出，在焊缝缺陷检测处理算法中，首先分割缺陷，计算各种特征值，然后进行判断是基于图像处理的缺陷识别研究的主流思路，几乎所有的缺陷识别算法都需要依赖于缺陷的某些几何或纹理特征。随着研究工作的开展，也有越来越多的新特征值和不同的特征映射方法提出。但焊缝图像中的缺陷本身很难做到精确分割这一特点，导致求得的特征值也无法保证精确。虽然有越来越多的新算法和新特征值被提出，但对实际焊缝图像处理而言，依然缺乏一个指导性的理论来判断应该采用何种特征值及算法。

多数研究者在处理X射线焊缝图像时，首先提取感兴趣区域，然后对感兴趣区域进行分割。对分割出来的疑似局部图像，通过各种特征值判断是否为真实缺陷。实际上，这一过程将图像分类为有缺陷图像和无缺陷图像两个大类，用疑似局部图像的特征值判断待检测图像的所属类型，以此来判断图像中是否含有缺陷。

对实际的焊缝缺陷分割而言，分割出的缺陷可能是真实的缺陷，也可能是高亮的噪声。而且，焊缝缺陷有多种形式（裂纹、未焊透、未熔合、条形夹渣、球形夹渣和气孔），通过分割出来的形状等特征值来判断分割的正确与否不仅计算量大，而且准确率也受到图像质量的影响。

如果可以避免缺陷图像的准确分割——避免求取各项特征值的过程，直接判断疑似缺陷是否为真，不仅可以提高识别算法的准确性，也可以降低噪声的影响，提高算法的鲁棒性。本章介绍一种基于稀疏描述的缺陷识别方法，可以通过模式识别的方法直接判断缺陷，避免了特征值计算。利用稀疏系数判断X射线焊缝图像有两种方法，一种通过如下步骤进行判断。

（1）提取ROI。

（2）对ROI进行分割。

（3）提取疑似局部区域的原始图像。

（4）不计算疑似局部区域原始图像二值化后的各项特征值，直接利用稀疏描述技术识别疑似图像区域是否含有真实缺陷。

另外一种方法是不求取ROI和SDR区域，直接利用稀疏描述技术对X射线焊缝图像的全图进行识别。

由于缺陷的尺寸相对于 X 射线焊缝图像较小，图像的噪声又较大，直接对 X 射线焊缝图像进行模式识别可能会有相对较高的误判率。

第一种方法的步骤（1）～步骤（3）在第 4 章中已有详细介绍，本章研究如何实现步骤（4）。按步骤（1）～步骤（3）所提取的部分疑似局部区域图像如图 7-1 所示。

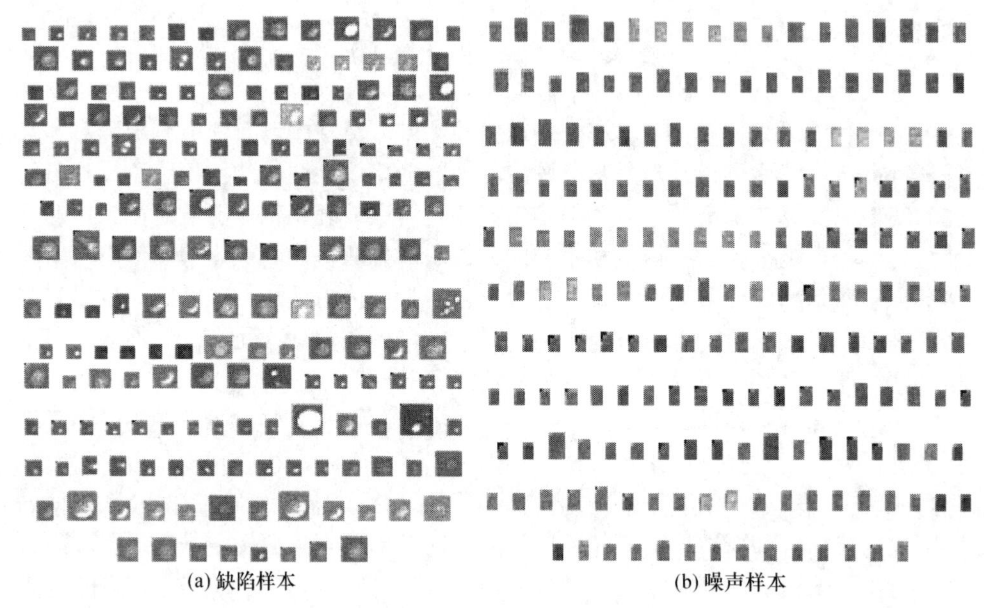

(a) 缺陷样本　　(b) 噪声样本

图 7-1　缺陷及噪声样本

在传统的缺陷检测中，一般会采用各种分割方法分割疑似局部图像，以取得缺陷的特征值，然后进行分类。在分割阈值选取准确时，可以获得理想的分割结果，如图 7-2（a）所示。但实际生产中焊缝图像的噪声和亮度变化都较大，不易获得理想阈值。图 7-2（b）是利用大津法的疑似局部图像分割结果。可以发现，在图像质量较差时，阈值自动选取也较为困难。此时图像二值化后获取的缺陷特征偏离真实值，严重影响缺陷识别。

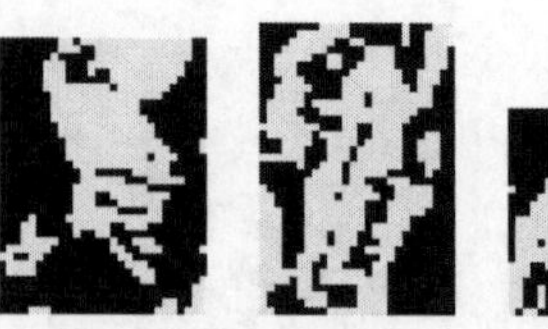

(a) 成功的疑似局部图像分割　　(b) 失败的疑似局部图像分割

图 7-2　疑似局部图像分析

本章研究通过模板图像直接判断疑似局部图像是否为缺陷，避免了阈值分割中因分割效果导致的误判，既提高了识别算法的抗噪声能力，又提高了识别的准确性。

7.2　稀疏描述原理

一般而言，直接的图像处理数据量相对较大，为了实现对信号更加灵活、简洁的表示，在小波分析理论的基础上，Mallat 等[75]在 1993 年首次提出基于过完备原子库上的信号分解思想，信号通过过完备库（over-complete dictionary）得到分解，并且可以自适应地根据信号本身特点，灵活选取用来表示信号的基。通过分解的结果，可以得到一个非常简洁的表达式。信号的稀疏表示（sparse representation）是在变换域中用尽量少的基函数来准确地表示原始信号。

在这一理论基础上的压缩传感理论主要包括信号的稀疏表示、编码测量和重构算法三个方面[76]。其中，信号的稀疏表示是将原始信号投影到正交变换基时，变换系数的绝对值绝大多数是很小的，因此得到的变换向量是稀疏或者近似稀疏的，可以将这种变换向量看作原始信号的一种简洁表达[77]。对图像分类识别问题，通过这种“简洁”表达后的系数来判断图像所属的类型可以减少计算量，降低噪声的影响，增强图像识别的鲁棒性。

通常情况下，自然信号在时域内都是非稀疏的，但是通过某些变换域可能变成稀疏的。例如，一幅自然图像所有的像素值，几乎都是非零的，但是将图像在小波域进行变换时，小波系数的绝对值大多数都接近零，并且原始图像的绝大部分信息能够通过有限的大系数来进行表示。根据调和分析理论，一维离散时间信号为 y，它的长度为 N，可以表示为一组标准正交基的线性组合：

$$y=\sum_{i=1}^{N}a_i\varphi_i \text{ 或 } y=\psi A \tag{7-1}$$

式中，$\psi=[\varphi_1,\varphi_2,\cdots,\varphi_N]$；$\varphi_i$ 为 $N\times1$ 的列向量；A 为 y 的加权系数序列，且有 $a_i\leqslant y$，$\varphi_i\geqslant\varphi_i^{\mathrm{T}}y$。可见 A 是信号 y 的等价表示，如果 A 只有很少的大系数，则称信号 y 是可压缩的；如果 A 只有 M 个元素为非零，则称 A 为信号 y 的 M 稀疏表示。

图像识别问题是用 k 类标记过的训练样本来正确判断待检图像所属的类别。这里，用向量 φ 表示大小为 $h\times w$ 的灰度图像，有

$$\varphi\in R^m \tag{7-2}$$

式中，$m=h\times w$。为了书写和计算方便，φ 向量可以通过将图像的像素点按照列优先的原则逐个排列予以生成。按同样的排列方式可将 n 个样本图像构成矩阵 $\psi=[\varphi_1,\varphi_2,\cdots,\varphi_n]R^{m\times n}$。

矩阵ψ在压缩传感理论中也被称为字典矩阵，为了便于识别，很多学者提出了许多基于ψ的识别模型及算法。其中，线性子空间模型是一种对参数变化不敏感的模型。这种鲁棒性较好的方法对焊缝图像这种具有强噪声的图像识别问题而言，是一个有效的处理思路。

从图 7-1 可以看出，X 射线焊缝图像无论是缺陷，还是噪声都有一定的相似性。因此，在样本图像足够多的情况下可以假定焊缝图像是标准焊缝样本图像的线性组合。设 y 为待检测图像，则 y 可以表示为

$$y = a_1 \cdot \varphi_1 + a_2 \cdot \varphi_2 + \cdots + a_n \cdot \varphi_n \tag{7-3}$$

式中，$a_i \in R$ 为实系数。

本节所涉及的焊缝图像分为“正常”和“缺陷”两类。因此，可以将所有已知的标准样本图像按类别进行排列。设“正常”图像有 k 个，“缺陷”图像有 $n-k$ 个，则可按下式重新对ψ中向量进行排列：

$$\psi = \left\{ \underbrace{\psi_1, \psi_2, \cdots\cdots, \psi_k}_{\text{正常图像}}, \underbrace{\psi_{k+1}, \psi_{k+2}, \cdots\cdots, \psi_k}_{\text{缺陷图像}} \right\} \tag{7-4}$$

若 y 为待检测图像，则有

$$y = \psi A \tag{7-5}$$

式中，$A = [a_1, a_2, \cdots, a_k, 0, 0, \cdots, 0]^{\mathrm{T}}$，$A$ 中与待检测图像所属类别有关的系数不为 0；与待检测图像所属类别无关的系数为 0。这样，判断 SDR 是否为真实缺陷问题就无需进行分割求取特征值，只需求解 A 即可。显然，A 越稀疏，对判断越有利。若 A 是稀疏或近似稀疏的，则称 y 基于缺陷样本矩阵ψ是可识别的，因此，y 是否可以识别依赖于矩阵ψ。式（7-5）同时表明，y 在已知 A 及系数 x 的情况下可以完全恢复。从已有文献的研究得出，至少有 5 种求解近似最优稀疏解的算法。

1）贪心法

贪心法的基本思想是通过确定一个或几个能够最大程度提高解的质量的参数，利用反复迭代计算来提取最优稀疏解。

2）凸松弛法

凸松弛法的基本思想是用一个凸优化问题替代之前的组合优化问题，通过解凸优化问题求得原问题的近似最优解。

3）贝叶斯框架法

贝叶斯框架法的基本思想是对有助于促成稀疏解的相关系数假设一个先验分布，然后设计一种结合观测值的最大后验估计，最后依据后验估计大小。

4）非凸优化法

非凸优化法的基本思想是将 0 范数优化问题松弛为一个相关的非凸问题，然

后求取一个满意解。

5）暴力搜索法

暴力搜索法的基本思想是搜索所有可能的解，有时会使用剪枝的方法减少搜索区域，提高搜索效率。

在上述 5 种方法中，贪心法和凸松弛法是操作性最强，并得到最为广泛应用的方法。由于 X 射线焊缝缺陷检测问题属于图像识别问题，随着样本图像数量的增加，求解目标 X 向量的维数也将增加，这使得暴力搜索法的求解时间将变得难以接受。贝叶斯框架法和非凸优化法都基于合理原则，并没有求得最优的理论保证。

7.3　求解算法

1）0 范数最小

当 $m>n$ 时，对式（7-5）的求解实际是对一个过完备方程组的求解。从便于识别的角度出发，所求得的解越稀疏，越有利于对 y 的识别，而且所求得的解可能不是唯一的；从解的稀疏性角度出发，此类问题的求解等效于 0 范数最小化问题，既有

$$\hat{x}=z(x)=\arg\min\|x\|_0 \quad \text{s.t.} \quad y=A\cdot x \tag{7-6}$$

由于式（7-6）中的目标函数是 0 范数，而 0 范数是非凸的、不连续的，故求解该问题需要用组合优化方法。文献[60]的研究表明式（7-6）是一 NP 难问题，常规方法很难求解，因此本书考虑引入如下 $g(x)$函数：

$$g(x)=1-\cos\left(\frac{e^{\frac{x}{\Delta}}-e^{\frac{-x}{\Delta}}}{e^{\frac{x}{\Delta}}+e^{\frac{-x}{\Delta}}}\cdot\frac{\pi}{2}\right) \tag{7-7}$$

式中，Δ为归一化系数。式（7-7）的曲线如图 7-3 所示，当Δ趋向于无穷小时，$g(x)$仅在 $x=0$ 时为 0，其余为 1，且 $g(x)$为光滑连续函数，可以求导。因此，通过引入 $g(x)$，可以将式（7-6）转化为式（7-8）：

$$\hat{x}=z(x)=\min\left(g(x)+\kappa\cdot\|y-Ax\|_2^2\right) \tag{7-8}$$

式中，κ 为惩罚项系数。

由于式（7-8）为一个连续函数，因此可以采用梯度法求其最优解，即有如下迭代计算公式：

$$x^{k+1}=x^k+\lambda^k d^k \tag{7-9}$$

式中，$d_k=-\nabla z(xk)$ 为搜索方向；λ_k 为最优搜索步长，满足：

$$z(x^k+\lambda_k d^k)=\min_{\lambda} z(x^k+\lambda d^k) \tag{7-10}$$

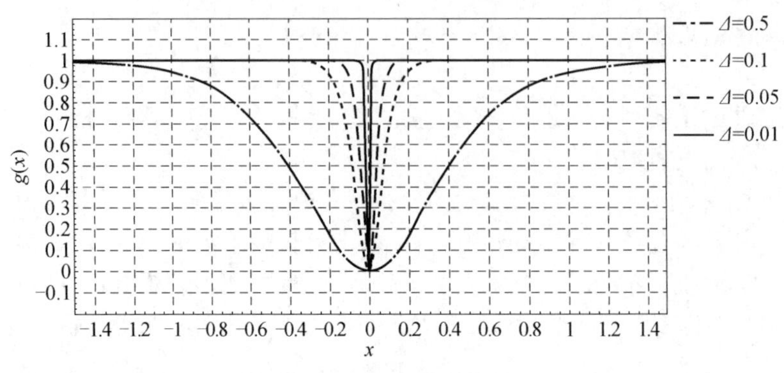

图 7-3　$g(x)$函数值曲线

具体算法步骤如下。

（1）给定初始点 $x^1 \in R^n$，允许误差 $\varepsilon > 0$，令 k=1。

（2）计算搜索方向 $d^k = -\nabla z(x^k)$。

（3）若 $\left\| d^k \right\| \leqslant \varepsilon$，则 x^k 为所求极值点，结束计算；否则，依式（7-10）计算最优步长 λ_k。

（4）令 $x^{k+1} = x^k + \lambda_k d_k$。

（5）令 k=k+1，转步骤（2）。

2）1 范数最小

已有的研究表明，当求解目标 $\hat{x}$ 足够稀疏时，0 范数最小的求解和 1 范数最小的求解是等价的。即式（7-6）可以转化为

$$\hat{x} = \arg\min \|x\|_1 \quad \text{s.t.} \quad y = A \cdot x \tag{7-11}$$

在解具有可压缩性时，可以将式（7-11）转化为（7-12）的求解：

$$\hat{x} = \min\left(\|x\|_1 + \kappa \cdot \|y - Ax\|_2^2\right) \tag{7-12}$$

式中，κ 为惩罚项系数。

可通过内点法求解式（7-12）。内点法的原理是首先引入一个新的正变量 μ_i，使其满足：

$$-\mu_i \leqslant x_i \leqslant \mu_i \tag{7-13}$$

从而将式（7-12）中的 1 范数去掉，将式（7-12）变为

$$\min \kappa \cdot \|Ax - y\|_2^2 + \sum_{i=1}^{n} \mu_i \quad \text{s.t.} \quad -\mu_i \leqslant x_i \leqslant \mu_i \tag{7-14}$$

利用式（7-15）所示对数门限函数描述限制条件：

$$\phi(x,u) = -\sum_{i=1}^{n} \lg(x_i + \mu_i) - \sum_{i=1}^{n} \lg(u_i - x_i) \tag{7-15}$$

将式（7-12）改写为

$$\hat{x} = \min\left(\kappa \cdot \|Ax - y\|_2^2 + \sum_{i=1}^{n} \mu_i + \phi(x,u)\right) \tag{7-16}$$

通过求解式（7-16）可得系数向量$\hat{x}$。

3）2 范数最小

对线性组合问题的求解也可以等效于求 2 范数最小化问题，即有

$$\hat{x} = \arg\min\|x\|_2 \quad \text{s.t.} \quad y = A \cdot x \tag{7-17}$$

式（7-17）又可以等效为

$$\hat{x} = \min\|y - A \cdot x\|_2 \tag{7-18}$$

利用 OMP 算法可以求解式（7-18），步骤如下。

初始化：残差 $r_0=y$，索引集 Λ_0 为空集，$t=1$。

步骤 1：找到残差 r 和传感矩阵的列 a_j 积中的最大值所对应的脚标 λ，即 $\lambda_t=\text{argmin}_{j=1,\cdots,N}|<r_{t-1}, f_j>|$。

步骤 2：更新索引集 $\Lambda_t=\Lambda_{t-1}\cup\{\lambda_t\}$，记录找到的传感矩阵中的重建原子集合 $A_t=[A_{t-1}, A_{\lambda t}]$。

步骤 3：由最小二乘法得到 $x_t' = \arg\min\|y - A_t x'\|_2$。

步骤 4：更新残差 $r_t = y - A_t x'$，$t = t+1$。

步骤 5：判断是否满足 $t>K$，若满足，则停止迭代；若不满足，则执行步骤 1。

在求得系数$\hat{x}$后，可以根据系数向量中不为 0 的系数所在区域判断检测结果。在样本数量足够多时，系数值可能分布在一个广泛的区间，下面举例说明系数判断准则。

以 20 个样本数为例，前 10 个为有缺陷的样本，后 10 个为无缺陷的样本。当计算出的系数值为$\sum_{i=1}^{10}\hat{x}[i] > \sum_{i=11}^{20}\hat{x}[i]$时，表明待检测图像主要描述为缺陷图像的线性组合，可以根据系数的分布来判断待检测图像的所属类别。基于此，本书提出如下判断标准。

判断标准：$\sum_{i=1}^{n1}|\hat{x}[i]| > \sum_{i=n1+1}^{n}|\hat{x}[i]|$时，待检测图像为真实缺陷，否则为噪声。

其中，$n1$ 为缺陷图像个数；n 为样本总数。

考虑到式（7-8）、式（7-16）和式（7-18）的计算结果可能存在差异和互补的情况，为了提高准确性，本书提出如下缺陷检测算法 1。

（1）0 范数最小检测出缺陷与否的变量为 $P0$，$P0$ 为真时表示检测出缺陷；为假时表示未检测出缺陷。按同样的规则定义布尔类型变量 $P1$ 和 $P2$ 对应的 1 范数最小和 2 范数最小检测结果，为真表明求解结果为缺陷图像；为假表明求解结果

为噪声图像。

（2）对待判定图像分别用 0 范数、1 范数、2 范数最小进行求解。

（3）若($P0$)or($P1$)or($P2$)=1，待检测图像为缺陷，否则为噪声。

课题组已经建立了超过 800 张局部图像的数据库，选取其中 200 张真实缺陷和 200 张噪声图像作为样本。另选取 200 张真实缺陷和 200 张噪声图像作为待检测图像。由于缺陷图像和噪声图像的大小不一致，如图 7-1 所示，无法组建样本矩阵 A，因此课题组通过选择不同的归一化图像尺寸实验来确定最优归一化图像大小。

在进行实验前，不设定先验知识，根据缺陷检测算法 1 直接判断计算结果，并记录实验混淆矩阵。

7.4 稀疏描述识别实验

本节所采用的样本图片含 200 张缺陷 SDR 图片和 200 张噪声 SDR 图片，如图 7-1（a）和（b）所示。以图 7-4 为例，在归一化大小为 13×13 时，计算结果如表 7-1 所示。表 7-1 中，k=200；n=400。

(a) 缺陷算例1

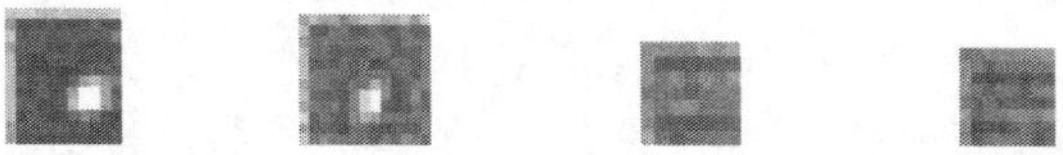

(b) 缺陷算例2

(c) 噪声算例1

(d) 噪声算例2

图 7-4 算例

表 7-1 计算结果

算例	（a）缺陷算例 1	（b）缺陷算例 2	（c）噪声算例 1	（d）噪声算例 2
$\sum_{i=1}^{k}\lvert\hat{x}_0[i]\rvert$	0.461861	0.613836	0.499166	0.461861
$\sum_{i=k+1}^{n}\lvert\hat{x}_0[i]\rvert$	0.658911	0.32915	0.663604	0.658911
$\sum_{i=1}^{k}\lvert\hat{x}_1[i]\rvert$	0.462372	0.643516	0.499245	0.462372
$\sum_{i=k+1}^{n}\lvert\hat{x}_1[i]\rvert$	0.659067	0.311145	0.664657	0.659067
$\sum_{i=1}^{k}\lvert\hat{x}_2[i]\rvert$	1634.278	1053.453	0	177.1714
$\sum_{i=k+1}^{n}\lvert\hat{x}_2[i]\rvert$	0	0	1694.601	1634.278
计算结果	缺陷	缺陷	噪声	噪声

可以发现，系数向量的计算结果确实反映了待检测图像的类别。

本节所用的 200 张缺陷图片和 200 张噪声图像在不同归一化面积尺寸下进行了实验，实验结果如表 7-2 所示。

表 7-2　实验混淆矩阵

归一化尺寸	TP	FN	FP	TN	敏感度/%
2×2	155	45	120	80	77.50
3×3	186	14	23	177	93.00
5×5	193	7	2	198	96.50
8×8	188	12	20	180	94.00
10×10	187	13	10	190	93.50
13×13	198	2	4	196	99.00
15×15	186	14	3	197	93.00
17×17	187	13	2	198	93.50

在样本尺寸为 13×13 时，敏感度到达了 0.99，此时特异度可以达到 0.98。

为进一步验证所提算法，课题组进行了交叉验证实验。将 800 张图片分为 4 组，每组含 100 张缺陷图片和 100 张噪声图片。首先用 1、2 组作为样本，用 3、4 组作为待检测图片进行识别实验，然后用 1、3 组作为样本，2、4 组作为待检测图片进行实验，以此类推，保证每一组均能成为样本和待检测图片。实验结果如表 7-3 所示。

表 7-3　交叉验证实验结果

实验编号 \ 归一化尺寸		5×5	8×8	10×10	13×13	15×15
1	敏感度	0.98	0.95	0.96	0.96	0.96
	特异度	0.96	0.97	0.96	0.97	0.97
2	敏感度	0.95	0.94	0.94	0.95	0.93
	特异度	0.98	0.97	0.99	0.99	0.98
3	敏感度	0.98	0.97	0.94	1	0.97
	特异度	0.96	0.99	0.98	0.98	0.98
4	敏感度	0.95	1	0.94	0.96	0.96
	特异度	0.71	0.96	0.93	0.92	0.91

可以发现，在考虑特异度和识别效果稳定性情况下，13×13 的归一化尺寸具有最好的识别效果。

为进一步验证稀疏描述技术应用于 SDR 和 X 射线焊缝图像的效果，本书进一步利用稀疏描述技术直接识别 X 射线焊缝图像。由于样本数量的不同会对实验结果产生重要影响，因此实验中选取不同的样本图像，结果也不一样。本书将样本数量从 30 张逐渐递增至 180 张。其中，气孔缺陷、裂纹缺陷和无缺陷的 X 射线焊缝图片每次递增 10 张，待检测的图片分别为 40 张有缺陷的图片和 40 张无缺陷的图片。利用本章所提方法进行处理后，X 射线焊缝图像的敏感度和特异度如表 7-4 所示。

表 7-4　X 射线焊缝图像识别实验结果

样本数	30	60	90	120	150
敏感度	0.625	0.725	0.7	0.725	0.75
特异度	0.575	0.625	0.7	0.45	0.475

对比表 7-3 和表 7-4 可以发现，直接对 X 射线焊缝图像进行识别的效果逊色于 SDR 的识别效果。本节利用所求得的稀疏系数重构了 X 射线焊缝图像。部分重构结果较好的图像如图 7-5 所示。

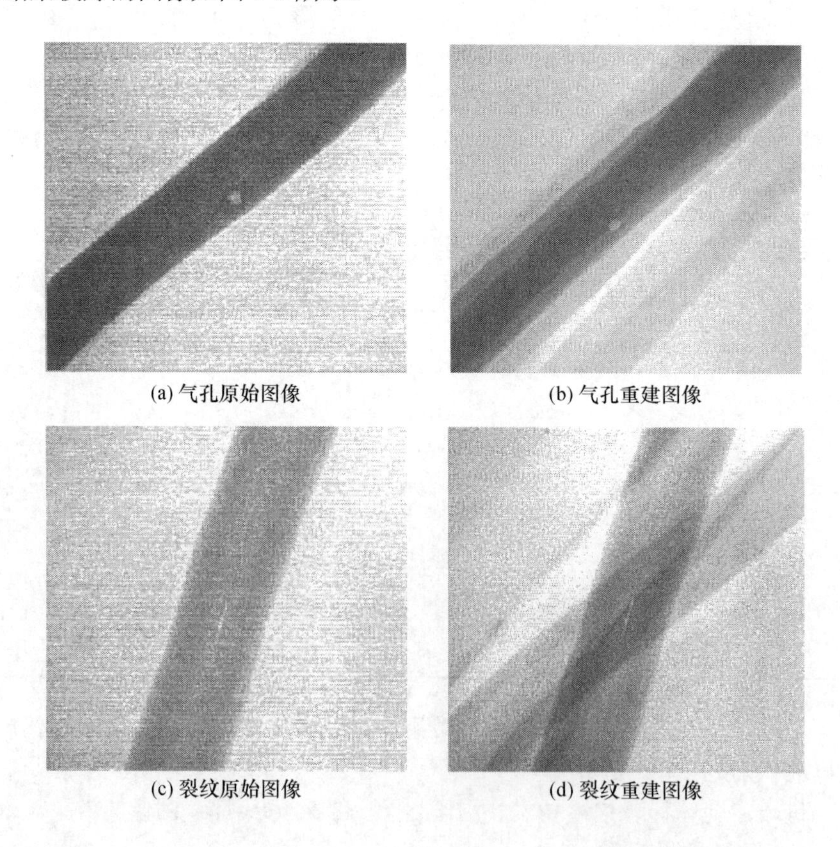

(a) 气孔原始图像　(b) 气孔重建图像

(c) 裂纹原始图像　(d) 裂纹重建图像

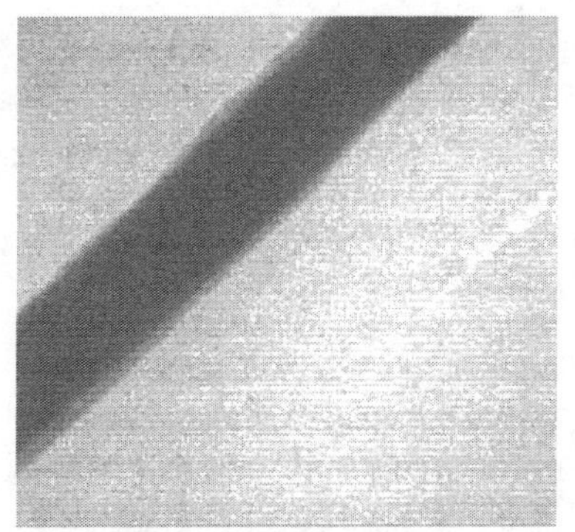

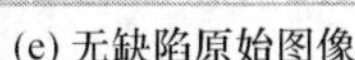

(e) 无缺陷原始图像

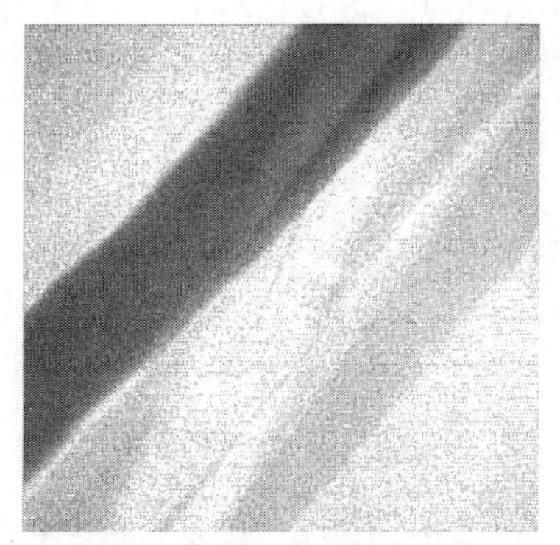

(f) 无缺陷重建图像

图 7-5　重建图像效果图

可以发现，由于 X 射线焊缝图像尺寸较大，直接对其利用稀疏描述的方式进行识别时，不仅重构图像与原图像存在一定误差，而且识别效果也弱于对 SDR 的识别。

7.5　字 典 学 习

7.3 节的实验表明，利用系数描述可以极大地提高缺陷识别的准确性。但式（7-6）的解可能并不唯一。这是由于ψ是由样本 SDR 构成，有可能出现某些样本 SDR 大致相同的情况，或者 $\varphi1=\varphi2+\varphi3$。同一待检测 SDR 可以由 $\varphi2$ 和 $\varphi3$ 表示，也可由 $\varphi1$ 表示。由于实际构成ψ时，样本数较多，此时 $n>m$，这样的字典矩阵ψ被称为超完备字典。由于焊缝缺陷尺寸大小不一，采用超完备字典更有利于表达这种高度多元化的数据。当然，构成矩阵ψ的基向量如果完全正交，可以极大地减少可行解的数量，解的数量与ψ中向量的不相关性和数目 n 有关。

在 X 射线焊缝缺陷识别问题中，字典矩阵ψ可以通过事先定义获得，也可以通过学习得到。同时，考虑待检测图像的不同，字典矩阵应该具有一定的适应性。如何根据已有样本，快速构造字典矩阵对 X 射线焊缝缺陷识别是一个重要的问题。在已有的研究中，过完备字典构造方法可以分为两大类。①一类是基于变换函数的字典构造，给定一组参数和含有参数的函数，如小波和离散余弦变换等。这样处理的优点在于字典与原始信号无直接关系，无需存储整个字典，存储量低。但字典与原始信号不相关也会带来适应性不佳的问题，对 X 射线焊缝图像这样成像质量差别较大的图像可能识别效果欠佳。②另外一类字典构造方法是根据图像内容通过学习获得，称为自适应字典学习方法。这种方法能够较好地实现信号的稀疏表示，但字典构造的过程比较复杂，计算量相对较大。大部分字典更新算法在求解式（7-6）时采用系数更新和字典更新交替优化的方式，这些算法的区别主要在于字典更新的方式。固定字典ψ更新稀疏系数A是标准的稀疏编码问题。从理论上，任意稀疏编码方法都可以用于系数更新。固定稀疏系数A更新字典ψ是较为成熟的技术。一般而言，事先定义ψ难以保证ψ中各原子的不相关性和对缺陷特征的覆盖性。通过学习获得字典矩阵ψ就是要在ψ及A均未知的情况下求解式（7-19）：

$$\min\left\{\left\|Y-\psi A\right\|_{\mathrm{F}}^{2}\right\} \quad \text{s.t.} \quad \forall i,\left\|a_{i}\right\| \leqslant s \tag{7-19}$$

式中，Y为训练样本矩阵；s为控制向量A的稀疏度；$\|\cdot\|_{\mathrm{F}}$为 Frobenius 范数。

X 射线焊缝图像的 SDR 有很强的相似性，圆形缺陷、线形缺陷和噪声的 SDR 有各自的基本特点。因此，可以认为特定种类的 SDR 可以由某种特定字典稀疏表示，可以通过对已有 SDR 进行样本学习来得到特定字典。设类别数为C，可以通过式（7-20）求取不同类型 SDR 的字典ψ_k，$k=1,2,\cdots,C$。

$$\underset{\psi_k, A_k}{\arg\min}\left\{\left\|Y_k-\psi_k A_k\right\|_2^2\right\} \quad \text{s.t.} \quad \left\|a_i^k\right\|_0 \leqslant s \tag{7-20}$$

式中，Y_k为第k类训练样本；$A_k=\left[a_1^k, a_2^k, \cdots, a_m^k\right]$为第$k$类的稀疏表示。式（7-20）中的$\varPsi_k$和$A_k$是待求解量。

式（7-19）的求解目标是以重构误差最小为目标，但 X 射线焊缝图像的识别从识别结果唯一性和识别实时性的角度考虑，应使得字典矩阵各原子的相关性及个数最小。鉴于此，本书提出以相关性及原子个数最小为目标的焊缝缺陷字典矩阵学习模型。由于 X 射线焊缝图像的 SDR 有很强的相似性，圆形缺陷、线形缺陷和噪声的 SDR 有各自的基本特点。因此，可以认为特定种类的 SDR 可以由某种特定字典稀疏表示，通过对已有 SDR 进行样本学习得到特定字典。设类别数为C（一般可取为 3，分别对应圆形缺陷、线形缺陷和噪声），可以通过式（7-21）求取不同类型 SDR 的字典$\varPsi_k$：

$$\underset{\varPsi_k, A_k}{\arg\min}\left\{\left\|Y_k-\varPsi_k A_k\right\|_2^2\right\} \quad \text{s.t.} \quad \begin{array}{l}\left\|a_i^k\right\|_0 \leqslant s \\ k=1,2,\cdots,C\end{array} \tag{7-21}$$

式中，Y_k为第k类训练样本；$A_k=\left[a_1^k, a_2^k, \cdots, a_m^k\right]$为第$k$类的稀疏表示。式（7-21）中的$\varPsi_k$和$A_k$是待求解量。式（7-21）的求解目标是以重构误差最小为目标，但 X 射线焊缝图像的识别从识别结果唯一性和识别实时性的角度考虑，应使得字典矩阵各原子的相关性及个数最小。鉴于此，本书提出以相关性及原子个数最小为目标的焊缝缺陷字典矩阵学习模型，如式（7-22）所示：

$$\min_{\varPsi \subset \varTheta}\left\{\left\|Y-\varPsi A\right\|_F^2+\sum_{i \neq j} \psi_i, \psi_j\right\} \quad \text{s.t.} \quad \forall i,\left\|a_i\right\| \leqslant s \tag{7-22}$$

式中，ψ_i 为字典矩阵 Ψ 的第 i 列元素；Θ 为所有样本构成的集合，其余变量含义同（7-21）。

在求得字典矩阵 Ψ 后，考虑将字典矩阵中的原子 SDR 分为圆形 SDR、线形 SDR 及噪声 SDR 三类。则有

$$\Psi = \left\{ \underbrace{\psi_1, \psi_2, \cdots, \psi_{C_\Psi}}_{\text{圆形缺陷}}, \underbrace{\psi_{C_\Psi+1}, \psi_{C_\Psi+2}, \cdots, \psi_{C_\Psi+L_\Psi}}_{\text{线形缺陷}}, \underbrace{\psi_{C_\Psi+L_\Psi+1}, \psi_{C_\Psi+L_\Psi+2}, \cdots, \psi_{C_\Psi+L_\Psi+N_\Psi}}_{\text{噪声}}, \right\} \tag{7-23}$$

式中，C_Ψ 为圆形缺陷原子数量；L_Ψ 为线性缺陷原子数量；N_Ψ 为噪声原子数量。通过分析系数 $A=[\alpha_1,\alpha_2,\cdots,\alpha_k,0,0,\cdots]$ 中不为 0 的元素，不仅可以判断待检测图像是否为缺陷，还可以确定缺陷是圆形缺陷还是线形缺陷。显然，A 的稀疏程度越高，越有利于 y 的识别，对 A 的求解等效于 0 范数最小化问题，求解思路及方法在 7.3 节中已有详细介绍。本节将其等效为 2 范数，可以利用 OMP 算法进行求解。

式（7-22）中，由于 Ψ 及 A 均为未知量，已有的求解方法多采用确定 Ψ 后计算 A，然后根据 A，更新 Ψ 的方法交替进行更新。由于 $\Psi \subset \Theta$，且 Ψ 中各原子应尽可能相互正交，此时求解 Ψ 需同时确定原子个数并选择合适原子，对 Ψ 的求解也是一个复杂的组合优化问题。

本节统计了北方某焊管生产线产品中的 330 个圆形缺陷 SDR 的互相关性，共计 C_{330}^2 个，并按照由小到大的规则排列，如图 7-6（a）所示。可以发现，相关性的增长存在一个拐点，拐点之后的相关性变化较为缓慢。因此，可以认为字典矩阵原子的选择应尽可能选择构成图 7-6（a）中拐点之前的 SDR 构成字典原子，此时字典矩阵原子概括了圆形缺陷 SDR 的大多数特征。对线形缺陷和噪声的 SDR 用同样的方法进行了统计，如图 7-6（b）和（c）所示。可以发现，这种情况在 X 射线焊缝图像 SDR 中是普遍存在的。

从图 7-6 也可以发现，一味增加字典矩阵原子个数并不能提高解的准确性，这是由于按照圆形缺陷、线形缺陷和噪声 SDR 的相关性曲线来看，有限个原子就

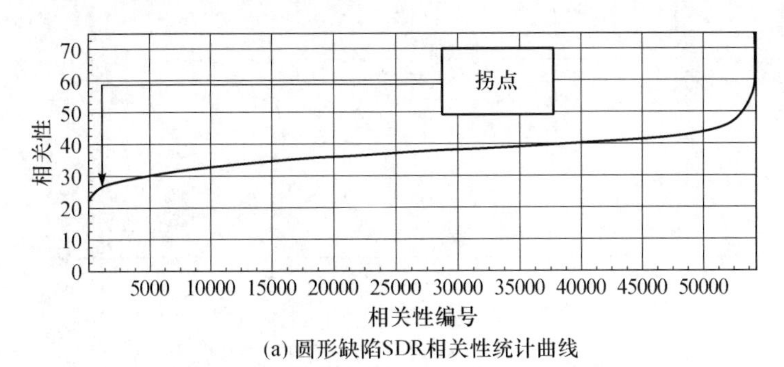

(a) 圆形缺陷SDR相关性统计曲线

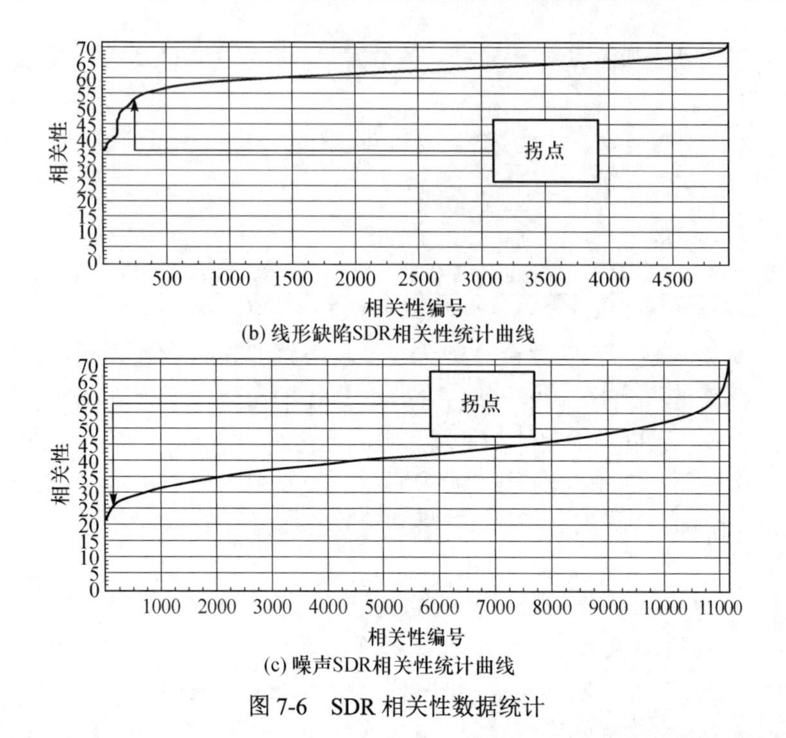

(b) 线形缺陷SDR相关性统计曲线

(c) 噪声SDR相关性统计曲线

图 7-6　SDR 相关性数据统计

可以覆盖圆形缺陷、线形缺陷和噪声的特征。同时，从拐点的位置来分析，各种类型的原子个数在 20～60 即可满足要求。图 7-6 仅仅反映原子两两之间的相关性，根据式（7-22），从集合Θ中选取最优子集Ψ，但实现各类 SDR 相关性总体最小依然存在较大困难。因此，本书提出利用 Hopfield 神经网络求解Ψ，利用迭代计算的方式确定最佳Ψ的原子个数。

设集合Θ中元素的数量为K，字典矩阵原子个数为N，则可以构建如表 7-5 所示的关联矩阵。

表 7-5　神经网络关联矩阵

原子＼原子	ψ_1	ψ_2	…	ψ_k
ψ_1	0			
ψ_2		0		
⋮				
ψ_k				0

表 7-5 中，ψ_i为第i个样本。表中每一行最多仅有一个元素为 1，其余为 0。为 1 的单元表示对应行样本及对应列样本选入字典矩阵Ψ；为 0 的单元表示对应

行样本及对应列样本未选入字典矩阵。关联矩阵单元以 v_{ij} 表示，如果 v_{ij}=1，则 ψ_i 和 ψ_j 选入字典矩阵；如果 v_{ij}=0，则 ψ_i 和 ψ_j 未选入字典矩阵。在构造关联矩阵的基础上，可构造如下能量函数：

$$\begin{aligned} E=&\frac{E1}{2}\cdot\sum_{i=1}^{K}\sum_{j=1}^{K}v_i,\psi_i,\psi_j+\frac{E1}{2}\cdot\sum_{i=1}^{K}\sum_{j=1}^{K}v_{ij},v_{ji} \\ &+\frac{E3}{2}\cdot\sum_{i=1}^{K}\sum_{j=1}^{K}v_{ij}\left(\sum_{o=1}^{K}v_{io}-1\right)^2+\frac{E4}{2}\left(\sum_{i=1}^{K}\sum_{j=1}^{K}v_{ij}-N\right)^2 \end{aligned} \tag{7-24}$$

式中，第一项约束字典矩阵相关性最小，对应式（7-23）的第二项；第二项约束 v_{ij} 和 v_{ij} 不同时为 1，保证神经网络的输出符合样本不被多次选择；第三项约束每一行最多仅有一个神经元输出为1，保证计算时的收敛性；第四项约束选中的样本个数为 N。

为避免原 Hopfield 网络模型得到无效解，文献[60]将动态方程改为

$$\frac{\mathrm{d}u_{ij}}{\mathrm{d}t}=\frac{\partial E}{\partial v_{ij}} \tag{7-25}$$

从而导出神经网络的动态方程为

$$\begin{cases} \dfrac{\mathrm{d}u_{ij}}{\mathrm{d}t}=-\dfrac{E1}{2}\psi_i\psi_j-\dfrac{E2}{2}v_{ji}-\dfrac{E3}{2}\left(\sum\limits_{o=1}^{K}v_{io}-1\right)^2 \\ \qquad -E4\left(\sum\limits_{p=1}^{K}\sum\limits_{o=1}^{K}v_{po}-N\right) \\ v_{ij}=0.5+0.5\tanh\left(\dfrac{u_{ij}}{u_v}\right) \end{cases} \tag{7-26}$$

式中，u_{ij} 为神经元（i, j）的输入；u_v 为归一化系数，根据已有文献，一般取 0.01。利用欧拉法求解式（7-26）即可得所求解。利用 Hopfield 神经网络求解字典需预先设定字典矩阵的原子个数 N，本书通过如图 7-7 所示算法确定最佳原子个数 N 及对应字典矩阵 Ψ。

图 7-7 所示的算法中，min$N$ 取值为 10，max$N$ 取值为 180。由于样本个数太少无法反应 SDR 的特征，同时，从图 7-6 的分析可知，在样本个数为 60～70 时，SDR 相关性曲线的拐点就会出现。此时，再增加样本个数会降低稀疏解求解的唯一性。再考虑到三种类型 SDR 样本数量，因此将字典矩阵 Ψ 原子个数最大值定为 180。图 7-7 中第（3）步是根据各样本求解稀疏矩阵 A，求稀疏解的方法可以采用标准的 OMP 算法。

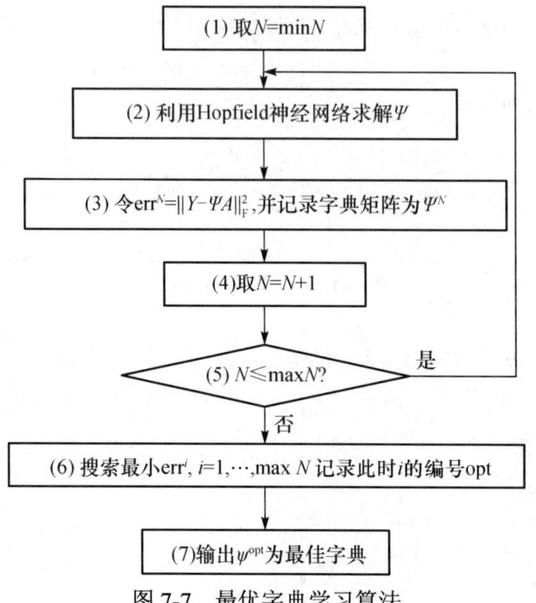

图 7-7　最优字典学习算法

在确定字典矩阵$\boldsymbol{\Psi}$后，根据原子的类型（圆形缺陷、线形缺陷、噪声）按次序排列原子，并记录字典矩阵中圆形缺陷原子数量为C_ψ，线形缺陷原子数量为L_ψ，噪声原子数量为N_ψ。

对任一待检测图像y，可描述为字典矩阵的线性组合，在$\boldsymbol{\Psi}$确定后，可以根据$y=\boldsymbol{\Psi}A$求解稀疏系数A。根据A中非 0 元素的位置分布可以确定待检测图像的类型。判别方法如下：

$$\begin{cases} \text{if}\left(\left(\sum_{i=1}^{C_\psi}\alpha[i]>\sum_{i=C_\psi+1}^{C_\psi+L_\psi}\alpha[i]\right)\&\left(\sum_{i=1}^{C_\psi}\alpha[i]>\sum_{i=C_\psi+L_\psi+1}^{C_\psi+L_\psi+N_\psi}\alpha[i]\right)\right)\{\text{判断为圆形缺陷}\} \\ \text{if}\left(\left(\sum_{i=1}^{C_\psi}\alpha[i]\leqslant\sum_{i=C_\psi+1}^{C_\psi+L_\psi}\alpha[i]\right)\&\left(\sum_{i=C_\psi+1}^{C_\psi+L_\psi}\alpha[i]\geqslant\sum_{i=C_\psi+L_\psi+1}^{C_\psi+L_\psi+N_\psi}\alpha[i]\right)\right)\{\text{判断为线形缺陷}\} \\ \text{if}\left(\left(\sum_{i=1}^{C_\psi}\alpha[i]<\sum_{i=C_\psi+L_\psi+1}^{C_\psi+L_\psi+N_\psi}\alpha[i]\right)\&\left(\sum_{i=C_\psi+1}^{C_\psi+L_\psi}\alpha[i]<\sum_{i=C_\psi+L_\psi+1}^{C_\psi+L_\psi+N_\psi}\alpha[i]\right)\right)\{\text{判断为噪声}\} \end{cases} \tag{7-27}$$

分析图 7-6 可知，不同类型 SDR 的相关性值存在较大差异。圆形缺陷和噪声 SDR 的相关性值明显小于线形缺陷 SDR 的相关性值。直接利用式（7-25）和式（7-26）求解，从全局相关性最小的角度出发，所解得的样本可能多数为圆形缺陷和噪声，线形缺陷样本不足将会影响识别效果。

为验证这一推论，本书取 N=60，利用式（7-25）和式（7-26）求解得出的 Ψ 中，线形缺陷 SDR 仅有 1 张，圆形缺陷 SDR 有 17 张，噪声 SDR 有 33 张。此时，利用 Ψ 进行识别，噪声段系数占有明显优势，无法进行正常识别。

为保证字典矩阵中各类型 SDR 大致持平，本书将图 7-7 所示算法的第（2）步改进为利用式（7-25）和式（7-26）分别计算圆形缺陷字典矩阵 Ψ_C，线形缺陷字典矩阵 Ψ_L 和噪声字典矩阵 Ψ_N，各类型缺陷字典原子个数为 $N/3$。然后令 $\Psi = \Psi_C \cup \Psi_L \cup \Psi_N$，以构建字典矩阵。

本节通过对某石油钢管厂实际生产的 X 射线焊缝图像进行分类实验来验证字典矩阵构造模型及算法。实验中所有图像均直接采自该厂 X 射线无损检测线。部分圆形缺陷、线形缺陷和噪声 SDR 如图 7-8 所示。这些缺陷图像中，有的噪声较大，有的缺陷较小，常规方法不易区分。

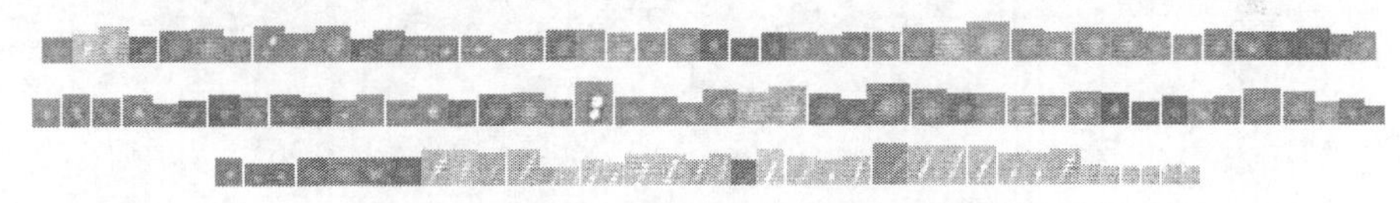

图 7-8　部分不易区分缺陷的疑似局部图像

利用本节所提算法，将 SDR 归一化为 13×13 模板，将 C_Ψ、L_Ψ 和 N_Ψ 分别设定为 30、40、50 和 60 后，识别结果如表 7-6 所示。

表 7-6　计算结果混淆矩阵

参数选择＼分类效果	缺陷类型	分类为圆形缺陷	分类为线形缺陷	分类为噪声
$C_\Psi = L_\Psi = N_\Psi = 30$	圆形	322	7	1
	线形	2	94	4
	噪声	0	28	120
$C_\Psi = L_\Psi = N_\Psi = 40$	圆形	322	7	1
	线形	1	97	2
	噪声	0	26	122
$C_\Psi = L_\Psi = N_\Psi = 50$	圆形	322	7	1
	线形	1	97	2
	噪声	0	22	126
$C_\Psi = L_\Psi = N_\Psi = 60$	圆形	323	7	0
	线形	1	97	2
	噪声	0	20	128

在实际生产中，对焊接危害最大的线形缺陷分类成功率为 97%，圆形缺陷分

类成功率为 97.6%。利用本书所提算法，字典矩阵样本数量达到 120 后，识别成功率无明显变换，显示了较好的鲁棒性。在实验中，未能识别的圆形缺陷和线形缺陷如图 7-9 所示，这些缺陷的 SDR 或图像尺寸极小，或呈现其他类型 SDR 的图像特征。对此类呈现其他类型图像特征的 SDR 分类还需要进行更加深入的研究。

(a) 识别失败的圆形缺陷　(b) 识别失败的线形缺陷

图 7-9　识别失败的缺陷

7.6 本章小结

（1）对于稀疏系数描述技术，图像特征位于一组系数中，而不单独依赖一个或某几个系数，因此利用稀疏描述技术对图像进行处理时，可以无需进行滤波增强等前期处理，使算法具有较好的鲁棒性。

（2）采用 0 范数最小、1 范数最小和 2 范数最小的组合判断可以提高 X 射线焊缝图像分类的成功率。

（3）本章所提出的采用罚函数方式求解 0 范数最小，为 0 范数最小问题的近似最优解提供了一种新的求解思路。

（4）基于稀疏描述的识别中，由于 X 射线焊缝图像自身的特点，无需为达到较高的成功率而不断增加字典矩阵的原子个数。利用整体相关性最小的原则构建的字典矩阵最优数学模型可以将字典矩阵原子的数量控制在一个较小的数值，并可实现较好的识别效果。

（5）利用 Hopfield 神经网络可以求解最优字典矩阵，通过字典矩阵可以准确分类圆形缺陷、线形缺陷和噪声图像，且具有较好的鲁棒性。

第 8 章　基于神经网络的焊缝缺陷识别

8.1　BP 神经网络

反向传播（back propagation, BP）神经网络是一种多层前馈型神经网络，其神经元的传递是 S 型函数，可以实现从输入到输出的任意非线性映射。由于权值的调整采用反向传播学习算法，因此也常称其为 BP 神经网络。目前，在人工神经网络的实际应用中，绝大部分的神经网络模型都采用BP神经网络及其变化形式。它也是前向网络的核心部分。

BP 神经网络包含输入层、隐含层和输出层。整个 BP 网络都是由神经元组成的，神经元的结构如图 8-1 所示。

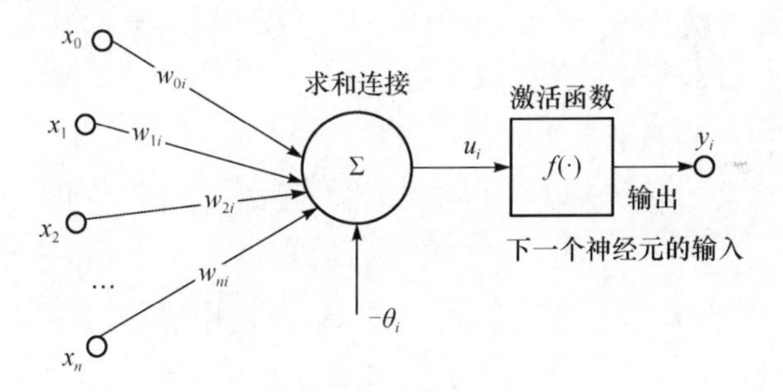

图 8-1　神经元结构图

图 8-1 中，x_1～x_n 为神经元输入，w_{ji} 为第 j 个神经元与第 i 个神经元之间的连接权值，y_i 表示神经元 i 的输出，也是下一层神经元的输入，$f(\cdot)$为 Sigmoid 函数。u_i 及 y_i 的计算公式如下：

$$u_i = \sum_{j=0}^{n} x_j . w_{ji} - \theta_i \tag{8-1}$$

$$y_i = f(u_i) = \frac{1}{1+\mathrm{e}^{-u_i}} \tag{8-2}$$

典型的 BP 神经网络结构如图 8-2 所示。

整个 BP 神经网络系统的误差函数可以表示为

$$E = \frac{1}{2}\sum_{k=1}^{m}\sum_{s=1}^{p}(t_{ks} - o_{ks})^2 \tag{8-3}$$

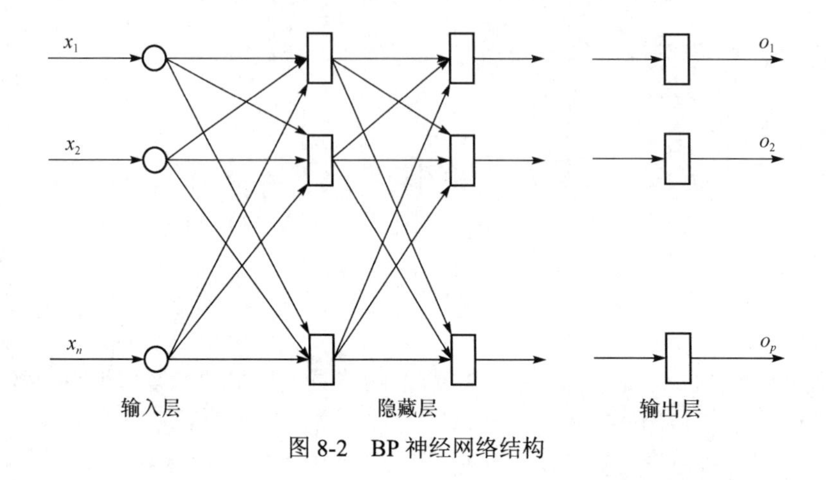

图 8-2　BP 神经网络结构

式中，m 为样本个数；p 为输出层神经元的个数；t_{ks} 为第 k 个样本在第 s 个神经元的期望输出值；o_{ks} 为第 k 个样本在第 s 个神经元的实际输出值。BP 神经网络的核心是信息的正向传递和误差的反向传播。其中，正向传递是通过计算各个神经元的输入与输出，最后得出误差函数，判断误差函数是否满足要求，如果 E 不满足要求，则进入误差的反向传播阶段，从而修正神经元的输入输出连接权值和神经元阈值，直到误差满足预先设定值。

8.2　BP 神经网络焊缝缺陷建模及识别

BP 神经网络分类识别过程是从图像识别系统中提取出图像的特征参数作为系统输入，利用 BP 神经网络的特征映射进行分类识别。本节运用 MATLAB 平台中 BP 神经网络的分析函数和设计函数，完成图像噪声及不同类型缺陷的分类识别。

将 BP 神经网络作为识别的分类器，特征参数向量作为系统输入，其维数决定 BP 神经网络输入层的节点数目。对所采集的图像进行预处理、焊缝区域提取、特征提取后，选出所需特征参数，分别为质心到焊缝中心线距离、短轴与缺陷面积比、长宽比、矩形度、圆形度及海伍德直径，组成焊缝缺陷的六维特征向量 $(x_1,x_2,\cdots,x_6)$，因此输入层节点数目为 6。

需要分类识别的图像噪声及焊缝缺陷总数决定了 BP 神经网络输出层的节点数目，本书对图像噪声及两类主要缺陷——裂纹和气孔进行分类识别，因此输出层输出为三维向量 (y_1,y_2,y_3)，节点数为 3，分别将图像噪声、主要缺陷裂纹及气孔的输出向量标记为 (0,0,1)、(1,0,0)、(0,1,0)，通过分析对比输出的三维向量实现对图像噪声及两类主要缺陷的分类识别。作为识别分类器的 BP 神经网络结构如

图 8-3 所示。

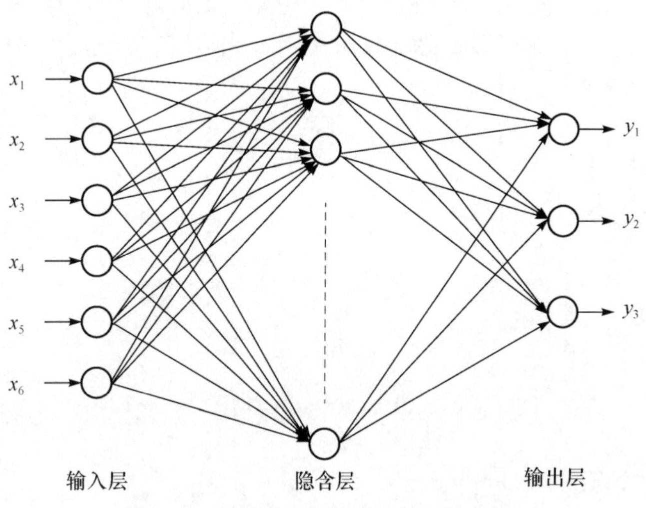

图 8-3　缺陷识别的 BP 神经网络结构

采用单隐层的 BP 神经网络能够完成任意闭区间内连续函数的网络逼近，任意 x 维到 y 维的映射都能通过一个三层 BP 神经网络完成。隐含层节点数目没有直接的求取公式，需要结合多次实验结果与设计者的经验，根据问题要求、输入层及输出层节点数目共同求得，是一个复杂的过程。虽然隐含层的节点数目对识别率影响并不大，但隐含层数目过多会使学习、训练的时间过长，降低识别效率的同时，得到的误别正确率不一定最佳。为了得到最佳的隐含层节点数目，在实际求解中往往结合式（8-4）进行判断：

$$\sum_{i=0}^{n} C_{n_1}^{i} > k \tag{8-4}$$

式中，k 为样本数目；n 为输入层节点数目；n_1 为隐含层节点数目；若 $i > n_1$，则 $C_{n_1}^{i} = 0$ 。隐含层节点数计算如下：

$$n_1 = \sqrt{n+m} + a \tag{8-5}$$

式中，m 为输出层节点数目；a 为常数，范围为 1～10；n 含义同式（8-4）。也可以采用式（8-6）计算隐含层节点数：

$$n_1 = \log_2 n \tag{8-6}$$

式中，n_1 和 n 含义同（8-4）。

具体确定隐含层的方法是通过式（8-4）～式（8-6）的计算，先将隐含层节点数定为一个较小的值，通过学习不断增加其数目，直到获得较合理的隐含层节点数目为止。

作为 BP 神经网络重要的组成部分，传递函数的选择是 BP 神经网络构建过程中的重要环节。传递函数都为连续可微函数，常用的传递函数有如下三种。

（1）线性函数（liner function）：

$$f(x)=x \tag{8-7}$$

函数图像如图 8-4（a）所示。

（2）S 形函数（sigmoid function）：

$$f(x)=\frac{1}{1+e^{-\alpha x}} \tag{8-8}$$

S 形函数导数为

$$f'(x)=\frac{\alpha e^{-\alpha x}}{(1+e^{-\alpha x})^2}=\alpha f(x)\left[1-f(x)\right] \tag{8-9}$$

S 形函数图像如图 8-4（b）所示。

（3）双极 S 形函数：

$$f(x)=\frac{2}{1+e^{-\alpha x}}-1 \tag{8-10}$$

双极 S 形函数导数为

$$f'(x)=\frac{2\alpha e^{-\alpha x}}{(1+e^{-\alpha x})^2}=\frac{\alpha\left[1-f(x)^2\right]}{2} \tag{8-11}$$

双极 S 形函数图像如图 8-4（c）所示。

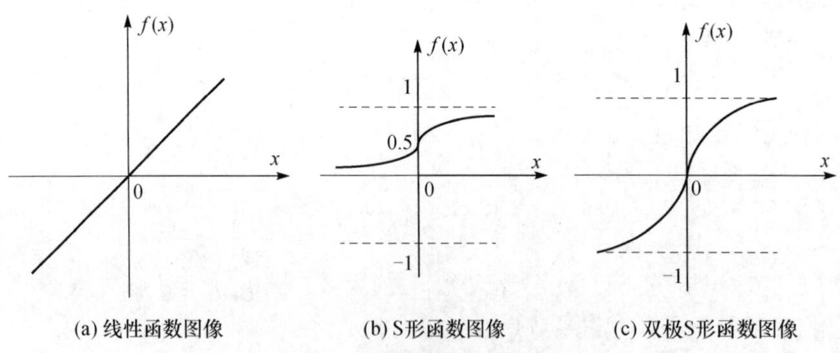

图 8-4　3 种常用激活函数图像

双极 S 形函数与 S 形函数的主要区别在于函数的值域，双极 S 形函数值域为 (−1,1)，而 S 形函数值域为 (0,1)。一般情况下，BP 神经网络结构在隐含层采用 S 形激活函数，输出层采用线性激活函数，双极 S 形函数值域较大，有可能获得更加理想的缺陷识别率。

8.3　BP 神经网络实验

本节利用 BP 神经网络，对包括图像噪声、线形缺陷和圆形缺陷在内的 90 个样本进行分类识别。通过 BP 神经网络训练，分别得到代表 3 种缺陷的不同向量表示：线形缺陷 (1,0,0)、圆形缺陷 (0,1,0)、图像噪声 (0,0,1)，从而判断识别目标为图像噪声或焊缝缺陷，为裂纹缺陷或气孔缺陷。识别计算结果如表 8-1 所示。

表 8-1　图像噪声、线形缺陷及圆形缺陷的特征参数及识别结果表

序号	SDR	质心到焊缝中心线距离	短轴与缺陷面积之比	长短轴之比	矩形度	圆形度	海伍德直径	识别结果
1		1.119717	10.95386	0.001537148	1016.759	0.04190412	6.95756	（1.7611，−1.4430，1.5318）
2		0.9363078	0.5578342	0.07449071	12.92262	0.03821656	5.643326	（0.9973，−0.0166，−0.0125）
3		1.486233	8.088048	0.001975217	391.2386	0.04030038	10.15799	（0.7652，0.3649，−0.0518）
4		2.703251	0.2480067	0.0185875	72.04098	0.03980892	14.36556	（0.7812，0.1597，0.0639）
5		4.085699	0.1114684	0.01322829	212.7274	0.03931337	17.5216	（0.8864，0.0591，0.0542）
6	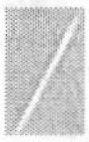	3.130474	1.896264	0.002576478	362.7474	0.04035424	16.70272	（0.8917，0.0698，0.0488）
7		0.4588752	0.5927528	0.05463276	14.8743	0.03980892	6.95756	（0.6208，0.2952，0.0713）
8		1.871717	1.16054	0.05716119	7.53476	0.04094632	6.677274	（0.5632，0.2069，0.2197）
9		1.644419	1.019321	0.06453595	7.59843	0.04366139	6.284142	（1.0595，−0.0493，0.0532）
10		4.489398	0.1363799	0.01586271	191.7128	0.03980892	13.91512	（0.8496，0.0053，0.1303）
11		2.216648	1.644049	0.01394437	59.0217	0.04206225	8.216807	（0.8122，0.1808，−0.0422）
12		1.211199	0.4576231	0.008353687	109.873	0.04022796	19.05406	（0.8322，0.1888，0.0212）
13		4.583297	0.1494719	0.009285156	412.7662	0.03980892	15.47548	（0.9790，−0.0010，0.0209）
14		0.4665606	0.4163296	0.08437846	8.878016	0.04190412	6.95756	（1.0712，−0.0714，0.0087）
15		1.229531	0.4851105	0.03181349	29.51804	0.04038586	9.375398	（0.7025，0.2867，0.0043）
16		2.001792	0.003827623	0.008560535	7767.055	0.03746722	24.18085	（0.9118，0.0553，0.0523）
17		0.7129171	2.004496	0.004994437	128.2027	0.04082966	14.09702	（0.2858，0.6054，0.0274）

续表

序号	SDR	质心到焊缝中心线距离	短轴与缺陷面积之比	长短轴之比	矩形度	圆形度	海伍德直径	识别结果
18		5.977594	0.2761471	0.009317907	76.38888	0.03339283	26.37312	(0.8696, 0.1498, –0.0387)
19		7.570455	0.6370875	0.01192181	83.03576	0.04130549	13.0164	(0.8981, 0.0497, 0.0011)
20		1.124075	1.78423	0.01097498	119.3102	0.04082966	7.048512	(0.9491, –0.0131, 0.0041)
21		0.9820982	0.5426066	0.01759141	85.07767	0.03867152	9.443091	(1.0776, –0.1112, 0.0136)
22		4.701786	1.262869	0.03959976	14.02665	0.03980892	6.771992	(0.5338, 0.3985, 0.0143)
23		6.405139	0.6909858	0.05125729	17.76879	0.04109308	6.284142	(0.4624, 0.5131, 0.0147)
24		1.119717	10.95386	0.001537148	1016.759	0.04190412	6.95756	(0.3457, 0.6080, 0.0272)
25		1.455201	0.9067248	0.01838538	85.86098	0.03980892	6.95756	(0.9861, –0.0094, 0.0008)
26		1.486233	8.088048	0.001975217	391.2386	0.04030038	10.15799	(1.0079, 0.0183, 0.0070)
27		2.703251	0.2480067	0.0185875	72.04098	0.03980892	14.36556	(0.9328, –0.0352, 0.0174)
28		4.085699	0.1114684	0.01322829	212.7274	0.03931337	17.5216	(1.1142, –0.1653, 0.0089)
29		3.130474	1.896264	0.002576478	362.7474	0.04035424	16.70272	(0.0705, 0.8016, 0.0169)
30		1.871717	1.16054	0.05716119	7.53476	0.04094632	6.677274	(0.8177, 0.1480, 0.0070)
31		1.839103	1.249339	0.05762789	8.926689	0.04128332	5.864717	(0.6977, 0.3088, –0.0082)
32		19.543	0.7442307	0.07484642	1.394511	0.03888313	14.80231	(–0.1892, 1.0711, 0.1723)
33		99.9305	1.222929	0.05665045	2.177741	0.04014916	12.20838	(0.4181, 0.6235, –0.0793)
34		16.09315	0.5014276	0.1058409	1.299464	0.04068065	13.21069	(–0.1222, 1.1243, 0.0148)
35		0.08979374	1.073997	0.06088886	3.304513	0.03980892	9.839476	(0.0874, 0.9939, –0.1227)
36		18.26804	0.9955845	0.06340692	2.313262	0.03907172	11.72943	(0.2278, 0.8215, –0.0997)
37		10.87261	1.5711	0.06429922	3.754921	0.04272176	7.226984	(–0.1675, 0.8651, 0.3241)
38		14.86105	1.010899	0.08137571	2.929089	0.04058949	8.060283	(–0.0347, 0.9987, –0.0110)
39		16.18458	1.148606	0.05174701	2.273643	0.04120084	13.49687	(0.4181, 0.7907, –0.2296)
40		21.68019	1.123627	0.06580735	3.736512	0.04053272	8.370406	(0.0953, 0.9260, –0.0099)
41		18.72978	0.7321458	0.07644415	1.527645	0.03954873	13.96082	(0.2274, 0.8504, –0.0491)
42		1.307224	1.231016	0.05485556	2.287774	0.03980892	12.26044	(0.1642, 0.9572, –0.1513)
43		14.16234	1.052741	0.056083	3.247379	0.03852476	10.88445	(–0.1642, 1.0931, 0.0688)
44		12.4488	1.096779	0.06144436	3.959013	0.04176673	8.815158	(–0.1172, 1.2497, –0.1460)
45		15.85525	0.910623	0.05230733	5.145667	0.03878818	9.968102	(0.1516, 0.9164, –0.0605)

续表

序号	SDR	质心到焊缝中心线距离	短轴与缺陷面积之比	长短轴之比	矩形度	圆形度	海伍德直径	识别结果
46		1.999224	0.939687	0.05495377	7.66062	0.04153974	7.654981	(0.4685，0.5053，0.0224)
47		18.13677	0.7301357	0.1058401	2.107986	0.04255436	8.595659	(−0.1074，1.1265，−0.0453)
48		11.11619	2.965022	0.01941206	13.76942	0.03919647	9.09959	(0.2920，−0.0407，1.4099)
49		18.33332	0.9276214	0.06340687	2.482749	0.03833451	11.72943	(−0.1115，1.0677，0.0071)
50		17.89326	2.784408	0.03880978	2.433093	0.04062134	11.17322	(0.3587，0.5768，−0.0100)
51		16.17297	2.033826	0.03809563	2.28915	0.038733	13.73081	(−0.0192，1.0045，−0.0129)
52		21.83387	1.123626	0.0646318	3.804502	0.04265241	8.446157	(0.1551，0.8249，0.0365)
53		19.33913	0.8094919	0.07656724	1.232269	0.03864491	14.75921	(0.0545，0.8289，0.0866)
54		1.388915	1.231014	0.05532441	2.268389	0.03946867	12.20838	(0.0268，1.0298，−0.0641)
55		14.22902	1.065248	0.05548661	3.243731	0.04065591	10.94282	(−0.0271，0.7491，0.2471)
56		8.693883	0.8178788	0.07597585	3.416396	0.03980892	8.887119	(−0.0907，1.0907，−0.0327)
57		10.20851	0.8593918	0.06840756	1.691544	0.04007973	13.68434	(0.3880，0.5729，−0.0155)
58		21.52653	0.8880967	0.06491068	2.009351	0.03891097	13.0164	(0.1375，0.9003，−0.0458)
59		16.29347	0.9575239	0.1001704	0.7227849	0.03980892	13.54398	(0.1667，0.8233，0.0146)
60		12.44738	1.05094	0.05367778	3.302425	0.03980892	11.28665	(0.1273，0.8604，−0.0147)
61		26.30732	0.9676203	0.0153301	1465.83	0.07961784	1.954906	(−0.0580，0.0807，0.9847)
62		26.43982	0.9680668	0.005744722	782.5223	0.02786624	7.138306	(−0.0171，0.2555，0.8046)
63		20.43863	0.8714539	0.04846082	81.43719	0.05307855	2.764654	(−0.0499，0.0333，1.0143)
64		24.64052	0.8118156	0.1095513	25.65948	0.07961784	2.257331	(0.0695，−0.1029，0.9998)
65		25.2988	1.15309	0.05014264	28.7436	0.04644374	3.909811	(−0.0400，0.0541，0.9936)
66		24.83261	0.8118156	0.07303417	115.4677	0.07961784	1.596174	(0.3347，−0.0011，0.6887)
67		27.46268	1.038223	0.01976301	616.5142	0.07961784	2.257331	(0.0683，−0.0034，0.9368)
68		22.68681	0.9680668	0.01253394	597.7601	0.05790388	3.743359	(0.0215，0.1825，0.7953)
69		22.50424	0.651276	0.1461132	17.98026	0.05971337	2.257331	(0.0008，0.0507，0.9434)
70		21.16981	0.6763842	0.1531718	9.002247	0.05686988	2.986168	(−0.0326，0.0311，1.0022)
71		19.12052	0.7020887	0.02089879	217.4076	0.0477707	4.371302	(−0.0139，0.0194，0.9956)
72		28.63423	0.5334218	0.2058328	22.12433	0.07961784	1.596174	(0.0742，0.0105，0.9295)
73		28.00248	0.5334644	0.2058178	22.12578	0.07961784	1.596174	(−0.0218，0.0196，0.9989)
74		27.14099	0.8713456	0.06461588	91.62411	0.07961784	1.954906	(−0.0203，−0.0191，1.0423)
75		25.24973	0.9680668	0.007659629	5868.917	0.05307855	1.954906	(0.0369，−0.0100，0.9752)
76		27.06897	0.6763842	0.1340253	20.57656	0.05971337	2.257331	(0.1467，−0.2481，1.0505)
77		22.59785	0.4894134	0.2293029	9.715046	0.05971337	2.257331	(0.3276，0.3614，0.2772)
78		24.78439	0.9025607	0.04819418	159.0058	0.07961784	1.954906	(0.1011，0.1705，0.7296)
79		24.24178	0.902655	0.02710781	188.4513	0.04976115	3.192348	(−0.0350，−0.0094，1.0172)

续表

序号	SDR	质心到焊缝中心线距离	短轴与缺陷面积之比	长短轴之比	矩形度	圆形度	海伍德直径	识别结果
80		26.68786	0.7284897	0.1316692	15.83574	0.06369427	2.523772	（0.0411, 0.2352, 0.7488）
81		12.65754	0.1063971	0.1857516	45.3998	0.05307855	2.764654	（–0.0074, –0.0315, 1.0182）
82		18.87302	0.7832913	0.1279444	19.49729	0.07961784	2.257331	（0.0498, –0.0809, 1.0363）
83		21.72593	0.7833053	0.09304743	13.40502	0.0506659	3.743359	（0.2138, 0.0055, 0.8372）
84		24.64613	1.113273	0.05404517	43.93258	0.06824386	2.986168	（0.0273, –0.0263, 1.0057）
85		26.25111	0.8118553	0.09738047	21.64843	0.0663482	2.764654	（0.0320, 0.0116, 0.9789）
86		22.64325	0.8118156	0.1095513	25.65948	0.07961784	2.257331	（0.2462, 0.2866, 0.4129）
87		22.50998	0.7021208	0.1625255	8.986567	0.0663482	2.764654	（–0.0483, –0.0629, 1.0461）
88		24.44891	0.9351781	0.02381601	942.6223	0.07961784	1.596174	（–0.0503, –0.0605, 1.0477）
89		23.40911	0.6763842	0.1340253	41.15313	0.07961784	1.596174	（–0.0049, –0.0339, 1.0262）
90		20.20433	0.7555397	0.1300326	26.09256	0.07961784	1.954906	（1.8974, –2.1841, 1.2080）

在参与识别计算的 90 个样本中，正确识别的样本数目为 81 个，总识别成功率为 90%。30 张线形缺陷图片中，正确识别 25 张，识别正确率为 83.3%；30 张圆形缺陷图片中，正确识别 28 张，识别正确率为 93.3%；30 张噪声图片中，正确识别 28 张，识别正确率为 93.3%。

未识别线形缺陷图片如图 8-5 所示，其中 1 号与 4 号图片表现出部分间断不清晰，2 号与 5 号图片缺陷局部图像清晰却未能识别。未能识别的圆形缺陷如图 8-6 所示，1 号图片有线形缺陷的图像特征，2 号图片有噪声的图像特征。未能识别的噪声图片如图 8-7 所示，呈现圆形缺陷的图像特征。

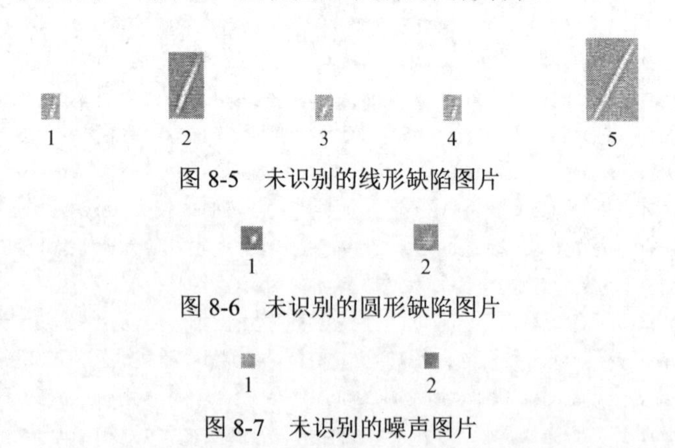

图 8-5　未识别的线形缺陷图片

图 8-6　未识别的圆形缺陷图片

图 8-7　未识别的噪声图片

从识别效果分析，BP 神经网络对线形缺陷的识别率低于对圆形缺陷和噪声的识别率。对图像视觉特征不明显的 SDR，BP 神经网络分辨率尚不能满足实际生产的需要。

为进一步验证 BP 神经网络的识别效果，本节采用不同激活函数进行识别实验，识别效果如表 8-2 所示。可以发现，隐含层传递函数采用 tansig 函数，输出层传递函数采用 logsig 函数时，BP 神经网络可以获得最好的识别结果，且识别率通过调整 BP 神经网络隐含层及输出层的激活函数，能够使缺陷识别率得到提高。

表 8-2　隐含层与输出层选取不同激活函数的识别结果表

训练函数	隐含层传递函数	输出层传递函数	识别正确率/%
traingdx 函数	logsig 函数	logsig 函数	91.725
	logsig 函数	purelin 函数	91.525
	logsig 函数	tansig 函数	79.083
	tansig 函数	logsig 函数	92.457
	tansig 函数	purelin 函数	90.036
	tansig 函数	tansig 函数	82.076

8.4　本 章 小 结

本章介绍神经网络的基本理论，通过构建一个三层 BP 神经网络对 X 射线焊缝图像进行识别实验。实验结果表明，对埋弧焊 X 射线焊缝图像识别问题，隐含层及输出层激活函数的选择对识别率有较大影响。在选择不当时，识别正确率不足 8%，在隐含层和输出层激活函数分别为双极 S 形函数和 S 形函数时，识别正确率最高可达 92%。

第9章　基于PCA技术的线形缺陷和圆形缺陷分类算法

在实际生产中，仅仅明确是否含有缺陷是不够的。不同类型的缺陷对焊接质量的影响不同。裂纹、未焊透（线形缺陷）比气孔等缺陷（圆形缺陷）对焊接质量的危害更大。从形状分析，缺陷可以分为线形缺陷和圆形缺陷两大类。快速准确的判定缺陷是线形缺陷还是圆形缺陷对安全生产有着重要意义。本章研究线形缺陷和圆形缺陷的特征，通过降维的方法快速区分缺陷是线形缺陷还是圆形缺陷。

9.1　缺 陷 分 析

实际工业生产中，X射线实时成像检测系统所测得的图像如图9-1所示，不同类型缺陷所呈现出的图像特征有着显著不同，不同类型缺陷对焊管的安全性影响也不同。裂纹是焊管生产中危险程度极高的一类缺陷，气孔的直径相对较小时，对焊管的安全性影响也相对较小。

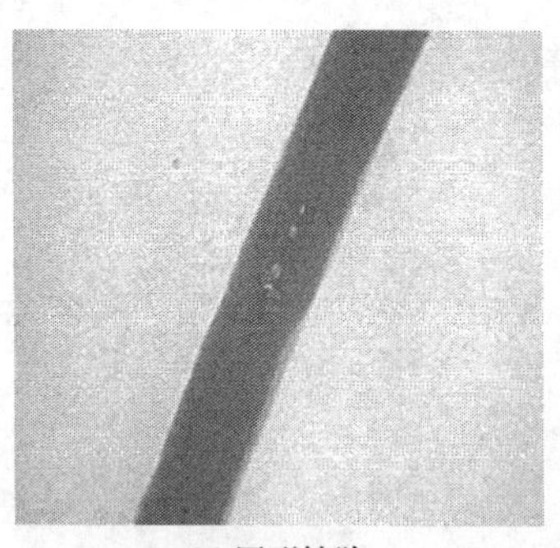

(a) 圆形缺陷

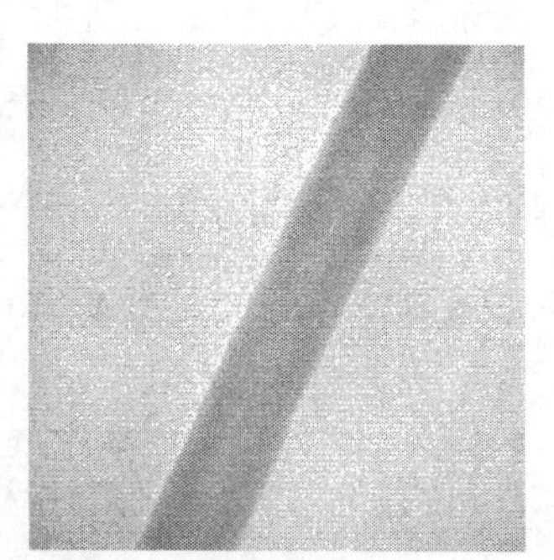

(b) 线形缺陷

图9-1　X射线焊缝图像

图9-2所示是提取的部分圆形缺陷和线形缺陷的疑似局部图像，两种缺陷在视觉上有差别。但准确分割图9-2中的所有缺陷，并准确求取特征值显然是十分困难的。图2-8的统计也表明，完全依赖特征值的判断并不能保证准确率。

(a) 圆形缺陷

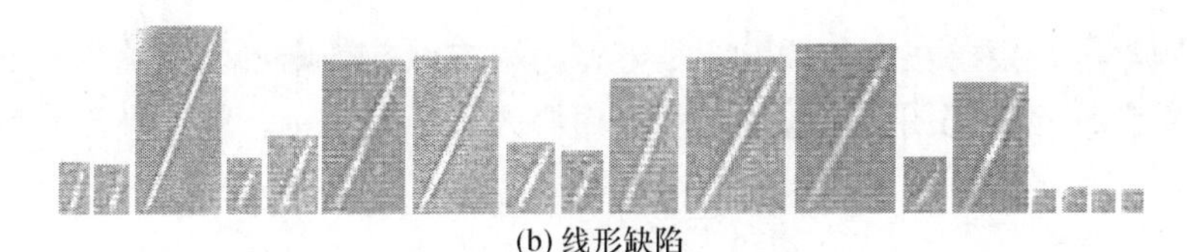

(b) 线形缺陷

图9-2　缺陷疑似局部图像

9.2　缺陷的数学描述

由于实际缺陷图像的大小不一，为了便于分析描述，需将缺陷图像的大小归一化。图9-2所示的缺陷图像被归一化为25×25的图像，部分图像如图9-3所示。

(a) 圆形缺陷归一化后图像　　(b) 线形缺陷归一化后图像

图9-3　缺陷归一化图像

从图9-3可以得出，不同类型缺陷图像在视觉上有一定的规律性，而非随机散乱。用向量f表示大小为$h\times w$的灰度图像，有

$$f \in R^{m} \tag{9-1}$$

式中，$m=h\times w$。为了书写和计算方便，f向量可以通过将图像的像素点按照行优先的原则逐个排列予以生成。按同样的排列方式将n个样本图像构成矩阵$S=[f_1,f_2,\cdots,f_n]\in R_{m\times n}$。

矩阵S中的每一列代表一幅缺陷图像，缺陷的平均图像就可依式(9-2)给出：

$$\psi = \frac{1}{n}\sum_{i=1}^{n} f_i \tag{9-2}$$

从识别的角度出发，设缺陷图像的特征是由缺陷图像和均值图像之差而得，这一差值称之为“缺陷特征图像”，有

$$d_i = f_i - \psi \tag{9-3}$$

式中，d_i为f_i的缺陷特征图像，缺陷特征图像可构成缺陷特征矩阵$\overline{S}=[d_1,\cdots,d_n]$。

$\overline{S}$不仅维度较高，而且各样本特征图像间可能存在数据冗余，增加计算量。从图9-2也可知，实际X射线焊缝缺陷疑似局部图像的噪声较大，反映在d_i中会影响识别的准确性。为提高计算效率，需将噪声和冗余数据的维度滤去。

首先考虑，若样本中的某些维度，在所有样本上的变化不明显，该维度对识别显然不起任何作用，在实际处理时应去处这些维度。同时，若某些维度所反映的能量极小，这些维度往往反映了噪声的干扰，也应该滤去。

在数学上，反映维度相关性的是方差，协方差矩阵则可以度量各个维度的方差。$\bar{S}$ 中各缺陷特征图像的总体差别可由协方差矩阵表示。$\bar{S}$ 的协方差矩阵可由式（9-4）估计而得

$$C=\frac{1}{n}(d_1,\cdots,d_n)(d_1,\cdots,d_n)^{\mathrm{T}} \tag{9-4}$$

对 C 进行对角化操作，可得 C 的特征值。特征值反映了各维度通过特征向量矩阵投影后的新方差和维度本身具有的能量。保留特定特征值对应的特征向量（如具有最大能量，即方差的维度），可以实现降维和去噪的目的。选取特征值有四种不同的选择方法。

（1）标准的特征空间投影：所有非零特征值的特征向量都用于创建缺陷特征空间。该方法未降低数据的相关性，但是数据处理量较大，不利于分类。

（2）忽略最后 40%的特征向量：这是由于特征向量是按照特征值降序来排列的，该方法丢弃了反映最少的 40%图像间差异的特征向量。

（3）保持前面的 Nu−1 个特征向量：将特征值按照降序排列，同时只保留最前面的 Nu−1 个特征向量，其中 Nu 为训练图像的类别数。

（4）按照计算信息量确定维数：该方法使保留特征向量所含信息与总信息量之比大于一定的阀值。

在图像识别中，较为常用的是第四种选取方法。将这一思想用于缺陷图像识别，需要通过线性变换找一组最优的单位正交向量基（即主元），用主元的线性组合来重建原缺陷局部图像样本，并使重建样本与原样本之差最小。

在描述缺陷局部图像时，线性子空间模型是一种对参数变化不敏感的模型。这种鲁棒性较好的方法对焊缝图像这种具有强噪声的图像识别问题而言，是一个有效的处理思路。在样本图像足够多的情况下可以假定，焊缝缺陷局部图像是标准焊缝缺陷局部图像样本的线性组合。设 x 为一个缺陷图像，此时 x 为一个 m 维的随机变量，x 可以用 K 个基向量的加权和表示：

$$x=\sum_{i=1}^{K}\alpha_i\beta_i=(\beta_1,\cdots,\beta_K)(\alpha_1,\cdots,\alpha_K)^{\mathrm{T}}=\beta\alpha \tag{9-5}$$

式中，α_i 为加权系数；β_i 为基向量。取基向量为正交向量：

$$\beta^{\mathrm{T}}\beta=I \tag{9-6}$$

将 $x=\beta\alpha$ 两侧左乘 β^{T}：

$$\alpha=\beta^{\mathrm{T}}x \tag{9-7}$$

即：

$$\alpha_i=\beta_i^{\mathrm{T}}x \tag{9-8}$$

α的相关性越小，数据冗余也相对越少，而α的相关性取决于β_i的选择。

在统计学上，x总体自相关矩阵可以表示为

$$R = E[xx^{\mathrm{T}}] = E[\beta\alpha\alpha^{\mathrm{T}}\beta^{\mathrm{T}}] = \beta E[\alpha\alpha^{\mathrm{T}}]\beta^{\mathrm{T}} \tag{9-9}$$

α最理想的状态是互不相关，此时有

$$E\left[\alpha_i,\alpha_j\right] = \begin{cases} \lambda_i, i = j \\ 0, i \neq j \end{cases} \tag{9-10}$$

则R可以改写为

$$R = \beta\begin{bmatrix} \lambda_1 & 0 & \cdots & 0 \\ 0 & \lambda_2 & \cdots & 0 \\ \vdots & \vdots & & \vdots \\ 0 & 0 & \cdots & \lambda_k \end{bmatrix}\beta^{\mathrm{T}} = \beta \wedge \beta^{\mathrm{T}} \tag{9-11}$$

上式两侧同时乘以β^{T}：

$$R\beta = \beta \wedge \beta^{\mathrm{T}}\beta = \beta \wedge \tag{9-12}$$

即：

$$R\beta_i = \lambda_i\beta_i \tag{9-13}$$

可知λ_i是待检测图像x的自相关矩阵特征值；β_i是对应的特征向量。由于R是实对称矩阵，因此不同特征值对应的特征向量是正交的。

通过求R的特征值和特征向量可以求得系数$\alpha = \beta^{\mathrm{T}}x$。

对图 9-2 所示的缺陷局部图像归一化后求取特征值，并按大小排序发现，所有缺陷图像自相关矩阵的最大特征值与总特征值之和的比值均大于 0.99，如图 9-4 所示。此时，对缺陷分类问题而言，仅仅保留 1 个特征值及其特征向量就可以判断缺陷图像类型。

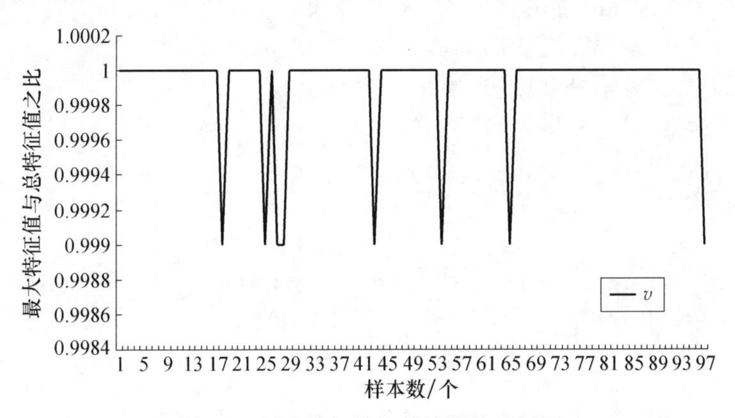

图 9-4　最大特征值与总特征值比例图

图 9-4 中，$v=\lambda_{max}\Big/\sum\lambda_i$。如果 β^T 为样本缺陷特征图像协方差矩阵对应的特征向量，α 就是原图像投影在低维空间的坐标。对圆形缺陷和线形缺陷分类问题而言，如果只保留一个特征值，坐标也降低到一维，极大地减少了缺陷识别的数据处理量，使得计算速度可以满足实时性的要求。

部分线形缺陷和圆形缺陷局部图像归一化后的最大特征值统计如图 9-5 所示。可以发现，不同类型缺陷的最大特征值有着显著的差别。因此，通过降维后的数据来区分缺陷类型有潜在的可行性。

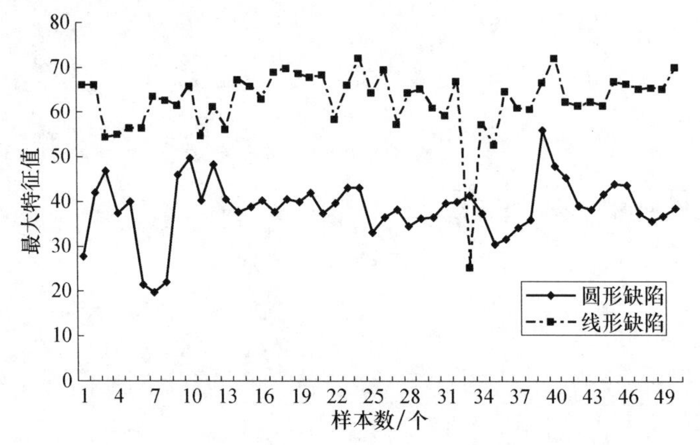

图 9-5　不同类型缺陷图像自相关矩阵最大特征值

9.3　基于 PCA 的缺陷分类算法实现

缺陷图像分类问题可以简单描述为利用 K-L 变换抽取缺陷的主要成分，构成不同缺陷特征空间，识别时将待检缺陷图像投影到此空间，得到一组投影系数，通过与样本缺陷图像比较进行识别。当主要成分仅有一维时，计算量及计算速度将得到极大提升。缺陷分类算法训练的具体步骤如下。

（1）选择典型圆形缺陷和线形缺陷疑似局部图像各 n 个，将其归一化为 $h*w$ 大小，并构建训练样本矩阵：

$$A=\left\{\underbrace{f_1,f_2,\cdots,f_n}_{\text{圆形缺陷图像}},\underbrace{f_{n+1},f_{n+2},\cdots,f_{2n}}_{\text{线形缺陷图像}}\right\}$$

式中，f 为归一化后图像，按行优先原则生成的列向量。

（2）计算平均缺陷 $\psi=\dfrac{1}{n}\sum_{i=1}^{n}f_i$。

（3）计算每一个样本缺陷图像的缺陷差值图像矢量$d_i = f_i - \psi$，$i = 1,\cdots,n$。

（4）构件协方差矩阵$C = \frac{1}{n} A \cdot A^{\mathrm{T}}$，$A = (d_1,\cdots,d_n)$

（5）利用雅克比法计算C的特征值（$\lambda_1,\cdots,\lambda_n$）和特征向量（$u_1,\cdots,u_n$），形成特征空间。根据特征值的贡献率$\varphi$选取前$p$个最大特征向量及其对应的特征向量形成的特征缺陷空间$W=(u_1,u_2,\cdots,u_p)$。

其中，贡献率φ是指选取的最大的p个特征值之和与所有特征值和之比，即：

$$\varphi = \frac{\sum_{i=1}^{p} \lambda_i}{\sum_{i=1}^{n} \lambda_i} \geqslant \alpha \tag{9-14}$$

一般取$\alpha=0.98$，即使训练样本在前p个最大特征向量集上的投影有98%的能量。

（6）将每一个样本缺陷差值图像矢量投影到特征缺陷空间，有$\sigma_i = W^{\mathrm{T}} - d_i$。

在求得特征缺陷空间W和样本投影σ_i的基础上，可给出如下识别算法。

（1）将待识别的缺陷图像归一化后按行优先的原则构成列向量κ。

（2）将κ与ψ的差值投影到特征空间，得到其向量表示$\sigma' = W^{\mathrm{T}}(\kappa - \psi)$。

（3）计算σ'与σ_i之间的欧氏距离$\varepsilon_i = \sqrt[2]{\|\sigma' - \sigma_i\|^2}$，$i=1,2,\cdots,n$。

（4）选取最小的欧氏距离$\varepsilon_{\min} = \min\{\varepsilon_i\}, i = 1,2,\cdots,n$。

（5）根据最小的欧氏距离$\varepsilon_{\min}$对应的σ_i类型确定待检测缺陷图像的类型。

由于对圆形缺陷和线形缺陷分类问题而言，计算时维度已降至一维，此时$p=1$，噪声的干扰已得到极大的抑制。因此，样本的选择不会对识别结果产生大的影响。

维度降至一维，此时W为向量。因为不需要对缺陷局部图像做预处理，所以样本缺陷差值图像矢量d_i投影到特征缺陷空间的过程可以简化为一个简单的向量乘法，计算量可以减少为简单的$h \times w$次乘法和加法。以图像大小归一化至10×10为例，单幅缺陷图像的投影特征空间的计算量仅为100次乘法之和，极大地减少了计算的复杂度。

在传统的缺陷类型区分算法中，涉及最常用的几何特征有7个，纹理特征多达11个。已有的研究中，采用支持向量机进行分类是最为常见的方法，此时数据的维度为7维、11维或18维。如果再计及特征计算所涉及的图像处理工作量，计算的复杂程度明显高于本章所给出的算法。

本节通过混淆矩阵实验验证所提算法的正确性。分别随机选取40张圆形缺陷和线形缺陷构成的模板，归一化为10×10的大小。按本节所提方法识别，识别结果和现场有经验的工作人员给出的结论直接比对，识别结果如表9-1所示。

表 9-1　混淆矩阵

缺陷类型 \ 分类效果	分类为圆形缺陷	分类为线形缺陷
圆形缺陷	311	19
线形缺陷	2	98

为了对所提算法的鲁棒性予以验证，将圆形缺陷和线形缺陷图片分别按 40 张为一组编组，每一组均作为样本进行实验，实验结果如表 9-2 所示，表中高识别率结果多次出现。

表 9-2　更换模板验证实验结果

实验编号	圆形缺陷识别率（正确识别数/参与识别数）	线形缺陷识别率（正确识别数/参与识别数）
1	318/330	99/100
2	323/330	98/100
3	324/330	98/100
4	324/330	98/100
5	319/330	98/100
6	326/330	99/100
7	324/330	98/100
8	295/330	98/100
9	298/330	99/100
10	326/330	99/100
11	318/330	99/100
12	326/330	99/100
13	320/330	99/100
14	322/330	99/100
15	326/330	99/100
16	326/330	99/100

从表 9-2 中可得，圆形缺陷的最高识别率为 98.8%，线形缺陷的最高识别率为 99%。在变换模板的 16 次实验中，这一识别率出现 5 次，归一化尺寸分别按 15×15 和 20×20 重复进行实验，实验结果较表 9-3 无变化，说明降维的算法具有很强的鲁棒性。

在更换样本的 16 次实验中，实际未能识别的线形缺陷仅有四张，如图 9-6 所示。在识别率最高的 5 次实验中，实际仅有图 9-6（a）或（b）中的一张未能识别。分析图 9-6（a）或（b）可以发现，这两张图片虽是线形缺陷，但却呈现出圆形缺陷的视觉特征。未能识别的部分圆形缺陷局部图像如图 9-7 所示，因图像分辨率和噪声的原因，多数未能识别的圆形缺陷在视觉上呈线形特性。因此，判断线形缺陷和圆形缺陷图像特性十分模糊的缺陷类型时，还需要进行更加深入的研究。

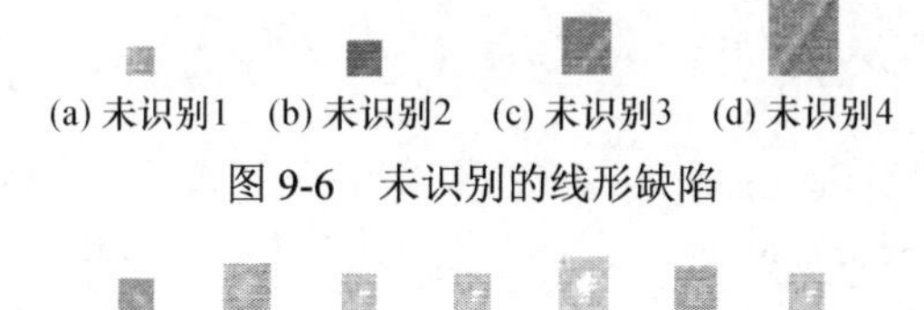

(a) 未识别1　(b) 未识别2　(c) 未识别3　(d) 未识别4

图 9-6　未识别的线形缺陷

图 9-7　未识别的圆形缺陷

为进一步进行算法比对，采用 SVM 中应用最为广泛的 SMO 算法，利用 2.4 节所提的 7 种几何特征进行了分类实验，此时输入数据为七维，实验结果如表 9-3 所示。缺陷分类的识别率低于基于 PCA 算法的识别率。造成这一结果的原因可能在于：①利用 SMO 算法分类时需要准确地提取几何特征值，而几何特征值的计算依赖于缺陷局部图像的准确分割，X 射线焊缝图像的强噪声对分割结果有较大影响，导致求取几何特征值有一定误差。②SMO 算法在训练时，样本图像选取虽然有代表性，但不能保证随后的特征值提取准确，因此样本的选择也是一个需要研究的复杂问题，选取的样本对识别结果也会产生较大影响。但从表 9-2 和表 9-3 的对比可以发现，基于 PCA 降维的方法因为无需进行缺陷局部图像的分割，所以降低了因图像分割引起的误分类，提高了分类的准确度。

表 9-3　SMO 分类结果

实验算法	圆形缺陷识别率（正确识别数/参与识别数）	线形缺陷识别率（正确识别数/参与识别数）
SMO	288/330	77/100

9.4　基于 LE 降维的焊缝缺陷类型识别

1. 极大似然估计原理

极大似然估计（maximum likelihood estimation, MLE）是通过建立关于近邻间距离的似然函数，从而得到本征维数的估计值。所谓本征维数，就是对数据进行建模所需的最少自由变量个数。由于焊缝缺陷图像涉及的特征值众多，如果能将特征值有效降低，不仅可以减少数据处理量，也可以降低噪声干扰。不同于 9.3 节的直接将样本图像进行降维处理，本节利用 MLE 进行本征维数估计，将提取后存放于数据库中的 200 个缺陷图像的 7 维几何特征矩阵（本书所用 7 种几何特征值如表 2-6 所示）通过 MLE 方法降维，然后利用 SVM 确定缺陷类型（线形缺陷或圆形缺陷）。MLE 方法的具体描述如下。

设 $X_1,\cdots,X_n$ 是 R^D 空间中的随机采样样本，基本思想是对于取定的一个点 x，假设在以 x 为中心，R（R 足够小）为半径的球体 $S_x(R)$ 内，密度 $f(x)\approx$ 常数，那么有式（9-15）所示的非平稳过程 $\{N(t,x),0\leqslant t\leqslant R\}$：

$$N(t,x)=\sum_{i=1}^{n} I\left\{X_i \in S_x(t)\right\} \tag{9-15}$$

显然，$N(t,x)$ 是 $X_1,\cdots,X_n$ 落入球体 $S_x(t)$ 内的样本个数，可以用平稳的泊松过程来逼近这一过程。记 $T_K(x)$ 为 $X_1,\cdots,X_n$ 中 x 的第 k 个近邻到 x 的距离，那么可得

$$\frac{k}{n} \approx f(x)V(m)[T_k(x)]^m \tag{9-16}$$

式中，$V(m)$ 为 m 单位球的体积。

则对于固定的 t，该泊松过程的参数，可利用式（9-17）计算：

$$\lambda(t)=f(x)V(m)mt^{m-1} \tag{9-17}$$

可以看出，$\lambda(t)$ 为该泊松过程的强度。记 $\theta=\ln f(x)$，可以对泊松过程建立对数似然函数：

$$\begin{aligned}\ln L(m,\theta) &= \int_0^R \ln\left(f(x)V(m)mt^{m-1}\right)\mathrm{d}N(t)-\int_0^R \lambda(t)\mathrm{d}t \\ &= \int_0^R \ln\left(\mathrm{e}^{\theta}V(m)mt^{m-1}\right)\mathrm{d}N(t)-\int_0^R \lambda(t)\mathrm{d}t \\ &= \int_0^R \left(\ln \mathrm{e}^{\theta}+\ln\left(V(m)mt^{m-1}\right)\right)\mathrm{d}N(t)-\int_0^R \lambda(t)\mathrm{d}t \\ &= \int_0^R \left(\theta+\ln\left(V(m)mt^{m-1}\right)\right)\mathrm{d}N(t)-\int_0^R \lambda(t)\mathrm{d}t \\ &= \int_0^R \theta \mathrm{d}N(t)+\underbrace{\int_0^R \ln\left(V(m)mt^{m-1}\right)\mathrm{d}N(t)}_{\text{这一部分为常数}}-\int_0^R \lambda(t)\mathrm{d}t\end{aligned} \tag{9-18}$$

对式（9-18）应用极大似然估计方法，则有似然方程式（9-19）和式（9-20）：

$$\frac{\partial \ln L}{\partial \theta}=\int_0^R \mathrm{d}N(t)-\int_0^R \lambda(t)\mathrm{d}t=N(R)-\mathrm{e}^{\theta}V(m)R^m=0 \tag{9-19}$$

$$\frac{\partial \ln L}{\partial m}=\left\{\frac{1}{m}+\frac{V'(m)}{V(m)}\right\}N(R)+\int_0^R \ln t\mathrm{d}N(t)-\mathrm{e}^{\theta}V(m)R^m\left\{\ln R+\frac{V'(m)}{V(m)}\right\}=0 \tag{9-20}$$

由式（9-19）和式（9-20）联立，可以得

$$\hat{m}_R(x)=\left[\frac{1}{N(R,x)}\sum_{j=1}^{N(R,x)}\ln\frac{R}{T_j(x)}\right]^{-1} \tag{9-21}$$

在实际计算中，使用 K-邻域比球形邻域方便得多，因此公式（9-21）变形为

$$\hat{m}_k(x)=\left[\frac{1}{k-1}\sum_{j=1}^{k-1}\ln\frac{T_K(x)}{T_j(x)}\right]^{-1} \tag{9-22}$$

对于取定的 k，将 x 遍历 $X_1,\cdots,X_n$，就可以得到 n 个局部本征维数的估计值，对这些估计值取平均就可以得到全局的本征维数 $\hat{m}_k$。为了得到更加准确的全局本

征维数 $\hat{m}_k$ ，可以选取对一定范围 k 重复上述过程，可得

$$\hat{m}_k = \frac{1}{n}\sum_{i=1}^{n}\hat{m}(X_i), \quad \hat{m} = \frac{1}{k_2 - k_1 + 1}\sum_{k=k_1}^{k_2}\hat{m}_k \tag{9-23}$$

$\hat{m}$ 是通过 MLE 方法估计出来的本征维数。图 9-8 为由 200 个焊缝缺陷的七维几何特征矩阵所求得的极大似然估计直方图，该图是通过对 200 组数据的每一个样本计算其局部本征维数估计值，并对局部估计值求取二次平均得到全局本征维数后绘制。从图中可以看出，数据集样本的本征维度估计值多集中分布在二维附近，故可考虑将七维缺陷数据集降至二维缺陷数据集。

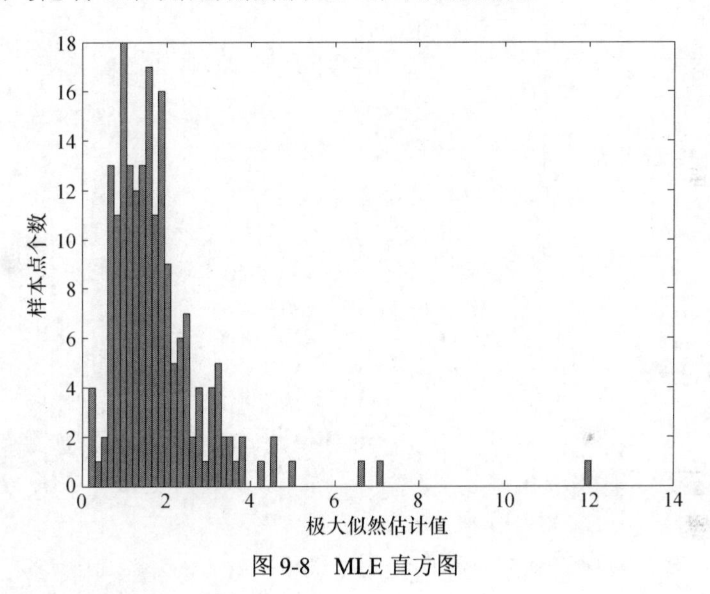

图 9-8　MLE 直方图

2. 拉普拉斯特征映射算法

拉普拉斯特征映射（Laplacian eigenmaps，LE）算法是通过构建相似关系图（对应的矩阵为 w）来重构数据流形的局部结构特征。LE 算法的主要思想是，如果两个数据集的数例 i 和 j 很相似，那么 i 和 j 在降维后，在目标子空间中应该尽量接近。设数据实例数为 n，目标子空间的维度为 m。定义 $n \times m$ 大小的矩阵 Y，其中每一个行向量 y_i^{T} 是数据实例 i 在目标 m 维子空间中的向量表示，LE 要优化的目标函数如下：

$$\min\sum_{i,j}W_{ij}\left\|y_i - y_j\right\|^2 \tag{9-24}$$

定义对角矩阵 D，对角线上（i,i）的位置元素等于矩阵 W 的第 i 行之和，经过线性代数变换，上述优化问题可以用矩阵向量形式表示：

$$\min \operatorname{tr}(Y^{\mathrm{T}}LY), \qquad \text{s.t.}\ Y^{\mathrm{T}}DY = I \tag{9-25}$$

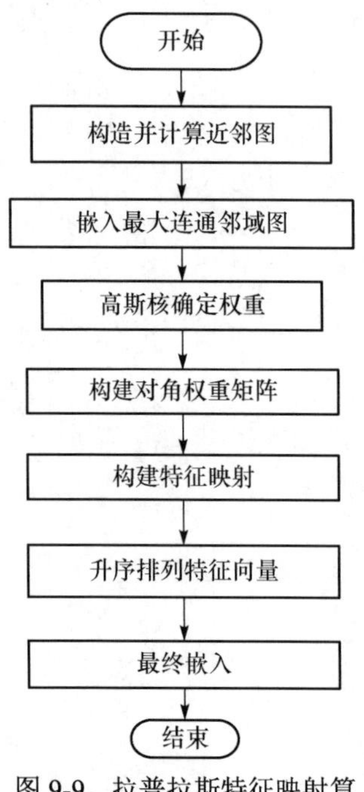

图 9-9　拉普拉斯特征映射算法流程图

式中，矩阵 $L=D-W$ 为拉普拉斯矩阵。限制条件 $Y^{\mathrm{T}}DY=I$ 保证优化问题有解，并且保证映射后的数据点不会被“压缩”到一个小于 m 维的子空间中。使得公式最小化的 Y 的列向量是式（9-26）广义特征值问题的 m 个最小非 0 特征值（包括重根）对应的特征向量：

$$Ly=\lambda Dy \tag{9-26}$$

求解算法如图 9-9 所示。

详细算法步骤可以描述为以下几步。

1）构建图

使用某一种方法将所有的点构建成一个图。例如，使用 KNN 算法，将每个点最近的 K 个点连上边，K 是一个预先设定的值。

2）确定权重

确定点与点之间的权重大小。例如，选用热核函数来确定，如果点 i 和点 j 相连，那么它们关系的权重可依式（9-27）设定：

$$W_{ij}=e^{\frac{\|x_i-x_j\|^2}{i}} \tag{9-27}$$

另外一种简化设定权重的方式是，如果点 i 和 j 相连，取 $W_{ij}=1$；否则，取 $W_{ij}=0$。

3）特征映射

计算拉普拉斯矩阵 L 的特征向量与特征值：$Ly=\lambda Dy$，其中 D 是对角矩阵，满足 $D_{ii}=\sum_J W_{ij}$，$L=D-W$。使用最小的 m 个非零特征值对应的特征向量作为降维后的结果输出。

本节采用拉普拉斯特征映射法将输入样本为 200×7 的几何特征矩阵降维后得到 200×2 的矩阵，LE 降维后的结果如图 9-10 所示。

3. 实验结果与分析

采用 BP 神经网络分别对降维前后 X 射线焊缝缺陷的几何特征值进行分类识别，结果如表 9-4 和表 9-5 所示。可以看出，通过降维的确可以有效地区分出圆形缺陷和线形缺陷，而且降维后的分类效果优于降维前的分类效果，说明降维的同时有明显的去噪效果，但最终的识别率依然有待进一步提高。

为全面比较 LE 降维后对识别的影响，本节另外采用 SVM 算法对 LE 算法降维处理后的缺陷几何样本特征进行分类识别，识别结果如图 9-11 所示。图中，1 为圆形缺陷标签，–1 为线形缺陷标签。

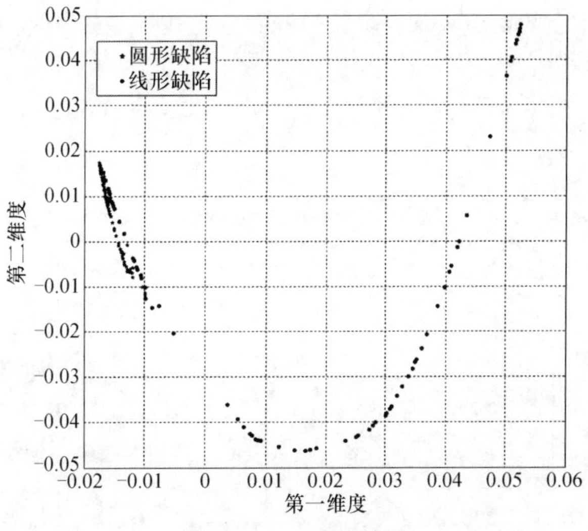

图 9-10　LE 降维结果

表 9-4　降维前分类结果

集合类型＼检测效果	检出圆形缺陷	检出线形缺陷	未检出圆形缺陷	未检出线形缺陷	准确率/%
训练集	64	57	7	12	86.43
验证集	13	15	1	1	93.33
测试集	10	18	2	0	93.33
全部	87	90	10	13	88.5

表 9-5　降维后分类结果

集合类型＼检测效果	检出圆形缺陷	检出线形缺陷	未检出圆形缺陷	未检出线形缺陷	准确率/%
训练集	66	60	3	11	90.0
验证集	12	14	0	4	86.67
测试集	19	9	0	2	93.33
全部	97	83	3	17	90.0

由图 9-11 中可以看出，在选取的 100 个圆形缺陷样本和 100 个线形缺陷样本中，经 SVM 分类后，未检测出的圆形缺陷的个数为 5 个，未检测出的线形缺陷的个数为 9 个，分类成功率达到 93%。

ROC 曲线能够直观表现出分类的准确性和分类器的性能，图 9-12 显示了两种分类算法所得的 ROC 曲线，其中 BP 神经网络分类结果对应的 AUC 为 0.7783，支持向量机分类结果对应的 AUC 为 0.8933。AUC 的值为 ROC 曲线下方所覆盖的区域面积，AUC 的值越大，表明分类器的分类效果越好。两种分类算法的最终识别结果如表 9-6 所示。

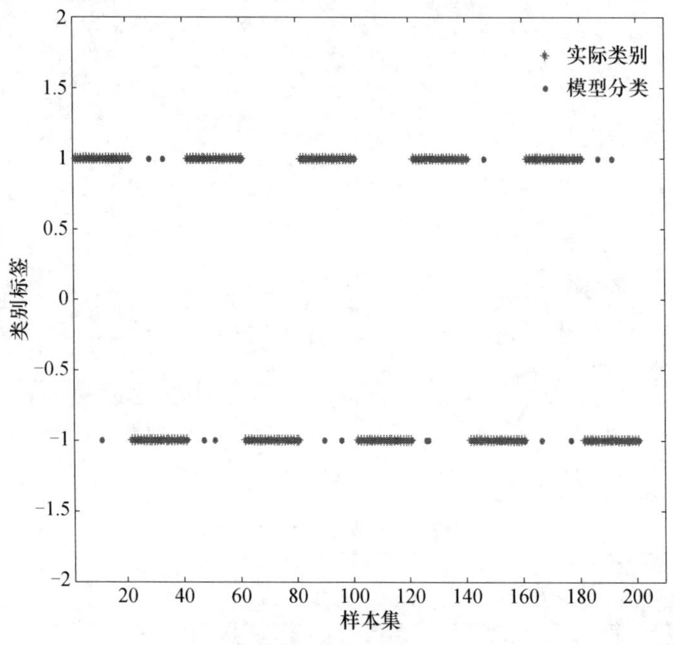

图 9-11　样本集的实际类别和 SVM 分类

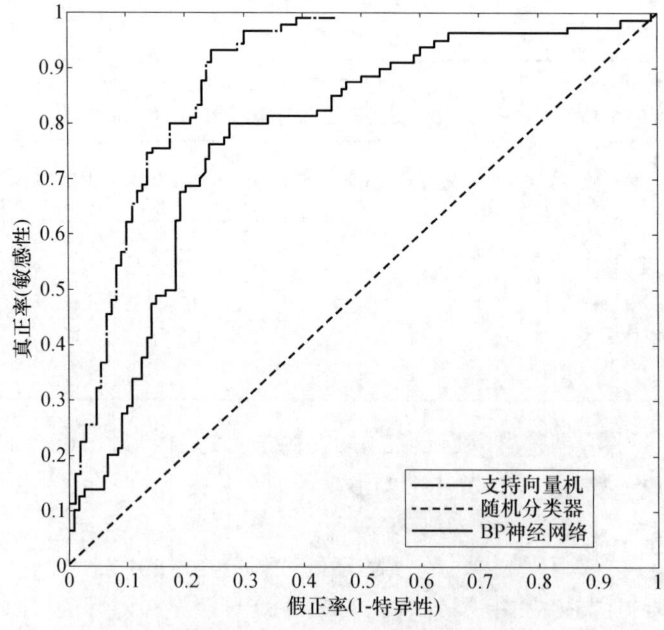

图 9-12　几何特征分类 ROC 曲线

表 9-6　分类结果比较

方法＼检测效果	检出圆形缺陷	检出线形缺陷	未检出圆形缺陷	未检出线形缺陷	准确率/%
BP 神经网络	97	83	3	17	90.0
SVM	95	91	5	9	93.0

9.5　本 章 小 结

在明确缺陷后，降维技术的采用可以降低噪声及分割误差对缺陷分类结果的影响，提高分类的准确性。在分类技术的选择上，SVM 的分类效果优于 BP 神经网络。在降维方式的选择上，由于 SDR 图像面积较小，同时具有较大的噪声，提取特征值不易做到准确。因此，直接对 SDR 图像进行降维处理，然后分类，可避免误分割可能带来的误差，有效地提高分类的准确性。

第 10 章　基于卷积神经网络的缺陷识别

10.1　深 度 学 习

深度学习是目前机器学习学科发展最蓬勃的分支之一，也是整个人工智能领域中应用前景最为广泛的技术之一。深度学习的最终目的是建立和效仿人的大脑处理问题的神经网络。与传统方法不同，深度学习首先通过大规模的迭代实验（调参实验）逼近所能达到的最高识别准确率，然后使用对应的（参数）模型对新样本（图像、声音等）提取关键特征，并基于该特征，利用已训练好的分类模型预测新样本的类别。

深度学习主要是建立一个多层次的表示学习结构，采用一系列非线性的数学变换方式，通过从原始数据中提取的简单特征进行重新组合，从而得到更抽象的表示。在图像识别场景中，图像在计算机中最基本的表示是一组像素值集合，从像素到物体的映射关系需要经过一个很长的过程，从像素组成细小的边，由边组成基础的纹理单元，纹理单元组合成图形，图形构成物体的各种组成部分，最后组成物体的整体。这个过程对于人类来说几乎可以瞬间完成，但对于计算机确实是十分复杂，很难简单直接地一步求得这种映射关系。一个网络的深度，可以以网络中串联的计算的层数，或者是非线性变换次数，甚至更加抽象一些，以不同的计算概念来评估。

总的来说，深度学习是一种机器学习方法，同时也是目前最有希望具有处理复杂的真实世界问题能力的人工智能方法之一。

10.2　卷积神经网络的基本概念

卷积神经网络（convolutional neural networks，CNN），是一种有监督的深度学习模型，由纽约大学的 Yann LeCun 教授于 1989 年发明，是一种专门为处理高维网格型结构数据而设计的神经网络。

卷积神经网络结构是一个包含多层的网络结构，其是由多种独立神经元构成的多个二维平面组成。卷积神经网络最擅长处理图像数据，如用二维矩阵表示的灰度图像，三维数组（高、宽、RGB 通道）表示的彩色图像等。输入图像一般经过卷积层（convolution layer）、下采样层（sub-sampling layer）和全连接层（fullyconnection layer），下采样层通常在卷积层之后相连，与卷积层交替出现，最后连接到全连接层，并在输出层输出最终结果。CNN 结构的独特之处在于它包含了由卷积层和池化层（pooling layers）构成的特征提取器。卷积神经网络中的一个卷积层，一般会包括若干个特征图（feature map），每个特征图由矩形排列的神经元组成，同一特征图的神经元的权值共享，这里共享的权值就是卷积核。池化的形式一般有平均值池化（mean pooling）和最大值池化（max pooling）两种形式。图 10-1 给出了一个具体的卷积神经网络架构图。

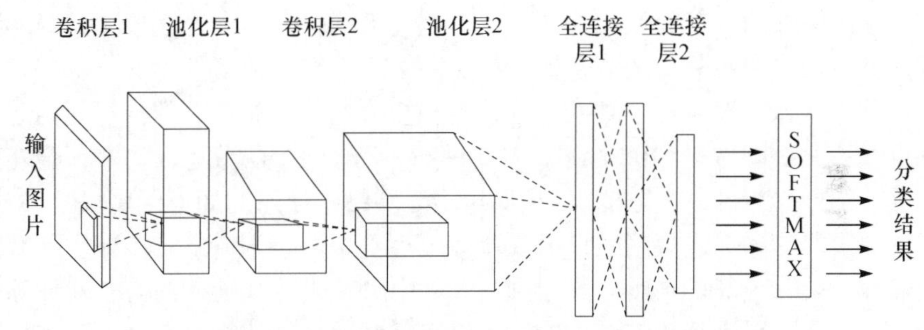

图 10-1　用于图像分类问题的一种卷积神经网络架构图

CNN 的结构主要由下面几个部分内容构成。

（1）输入层。输入层是整个神经网络的输入，在输入对象是图片的情况下，它通常表示图片的像素矩阵。如图 10-1 中，第一个立体矩阵代表一个图像。其中，三维矩阵的长度和宽度表示图片的尺寸大小，而矩阵的深度表示图像的色彩通道（channel）。黑白图片的深度为 1，彩色图片的深度为 3。

（2）卷积层。卷积层是将输入的每一个神经元与上一层的局部感受区域（local receptive fields）连接，同时提取出该部分的特征。卷积层中每个节点的输入只是前一层神经网络中的局部区域，这个部分的大小通常为 3×3 或者 5×5。卷积层尝试将神经网络中的每一小部分进行更加深刻地分析，并获取更抽象的特征。

（3）池化层。也叫作下采样层，其种类有很多种，主要是用一个特征来表达一个局部特征，这在保存有价值信息的基础上使得参数大为下降，提升了网络训练的速度。常见的有最大池化层（max-pooling layers）和平均池化层（mean-pooling layers）。最大池化层是采用最多的池化层结构，用局部特征的最大值来表达这个区域的特征。

（4）全连接层。全连接层一般是在多个卷积层和池化层交替进行处理后，最终给出分类的结果。经过卷积和池化的操作处理后，认为图像中的信息已经被抽象成信息含量更高、更抽象的特征。卷积层和池化层类似于传统图像处理过程中的特征提取的过程，随后则需要采用全连接层来完成分类的任务。

（5）Softmax 层。Softmax 层实现对样本最终的分类。

10.3 卷积神经网络的特性

1）局部连接

局部连接，通常是对通过数据中的局部区域模型的建立，从而发现局部的一些特性。局部连接是卷积神经网络中比较重要的一个特性，通过局部连接，能更好地抽象出图像的局部特征，如图像的一些边缘信息。与全连接相比，局部连接能有效减少网络中相邻层的连接数，减少网络运算的复杂度。

局部连接方式使用一个选定尺寸的卷积核分别与下面一层的神经元相连，假定图像尺寸为 200 像素×200 像素，神经网络中有 10^6 个隐藏单元，那么全连接网络则需要 $200×200×10^6$ 个连接。如果局部相连网络中使用的局部区域尺寸为 10 像素×10 像素，则局部连接网络只需要 $10×10×10^6$ 个连接。局部连接减少了网络中的连接数，提升计算的速度。如果图片尺寸很大，采用全连接的方式对计算机硬件要求较高，而采用局部连接的方式不仅可以有效降低计算复杂度，还可以降低对计算机硬件的要求。

2）权值共享

卷积神经网络中的另一个重要特性是权值共享。也就是说，同样的卷积核共用同一个权值和偏置。为了减少可训练参数数目，利用权值分享的机制，同一个特征图使用相同的卷积核对前一层进行计算操作。使用一个卷积核会生成对应的一个特征图，相当于提取到了图像的其中一个特征，为了提取图像的更多特征，可以通过使用多个不同的卷积核实现。权值共享可以有效地降低网络中可训练参数的数量，简化计算的过程，减少了网络模型学习的难度，同时可以实现并行训练。

3）池化过程

池化的目的是对卷积后得到的图像，再一次进行更深度地特征提取。这个局部的区域称为池化域，计算的步骤称为池化，池化是其中最重要的过程。卷积层虽然通过局部连接的方式减少了网络结构中的连接数，但由于特征图数目的增加，实际上网络中的神经元个数并没有减少，这使得特征维度变大，网络训练程度加大，并容易发生过拟合的情况。池化的方法一般包括平均池化法和最大池化法等。池化过程如图 10-2 所示。

图 10-2（a）表示原特征图为 4×4 的矩阵，其中 2×2 的深色部分代表池化域。对原始特征图的池化域采取池化操作时移动 2 个步长，得到图 10-2（b）中 2×2 矩阵的池化特征图，其中深色部分为最后池化的结果。

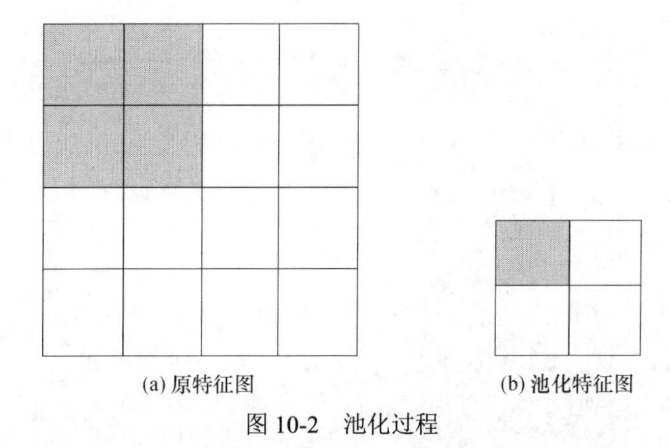

(a) 原特征图　　(b) 池化特征图

图 10-2　池化过程

10.4　卷积神经网络中的相关运算

在卷积神经网络中，最重要的是卷积层、池化层和全连接层，这 3 层分别对应着 CNN 中最重要的 3 个操作，即卷积操作、池化操作和全连接多层神经网络（multi-layer perception，MLP）操作。

1）卷积操作

卷积层是 CNN 中较为核心的网络层，主要进行卷积的操作，基于图像的空间局部相关特性分别抽取图像的一小部分特征，通过这些局部特征的连接，可以组成整体的特征。其中，卷积操作包括单通道卷积和多通道卷积。

单通道卷积过程如图 10-3（a）所示，假设卷积过程中滑动步长为 1，图 10-3（a）表示图片尺寸为$5×5$，设为矩阵 A；图 10-3（b）表示卷积核大小为$3×3$，设为矩阵 B；图 10-3（c）表示卷积核在图片上的卷积结果，设为矩阵 C，卷积后图片尺寸大小为$[(5-3)/1+1]\times[(5-3)/1+1]=3\times3$。假设矩阵 A、矩阵 B、矩阵 C 的下标都是从 1 开始的，则卷积计算过程为

$$\begin{aligned}C_{11} &= A_{11}\times B_{11}+A_{12}\times B_{12}+A_{13}\times B_{13}+A_{21}\times B_{21}+A_{22}\\&\quad\times B_{22}+A_{23}\times B_{23}+A_{31}\times B_{31}+A_{32}\times B_{32}+A_{33}\times B_{33}\\&=1\times0+1\times1+0\times0+1\times0+0\times1+1\times1+1\times1+1\times0+1\times1=4\end{aligned}$$

其余结果依此类推。

多通道卷积的过程如图 10-4 所示。第 m–1 层有 4 个特征图构成，第 m 层有 2 个特征图构成，卷积核尺寸为$2×2$。w_{ij}^{1l}表示 m 层中第 k 个特征图，l 代表 m–1 层中第 1 个特征图，i、j 代表过滤器中值的索引位置。第 m 层中的 w^1 的值就是第 m–1 层的 4 个特征图中利用对应卷积核对相应区域进行卷积操作的总和加上偏置值。计算公式如下：

$$W^1 = \sum_{i=0}^{3} W_{ij}^{1l} \times x + b \tag{10-1}$$

式中，b 表示偏置大小。

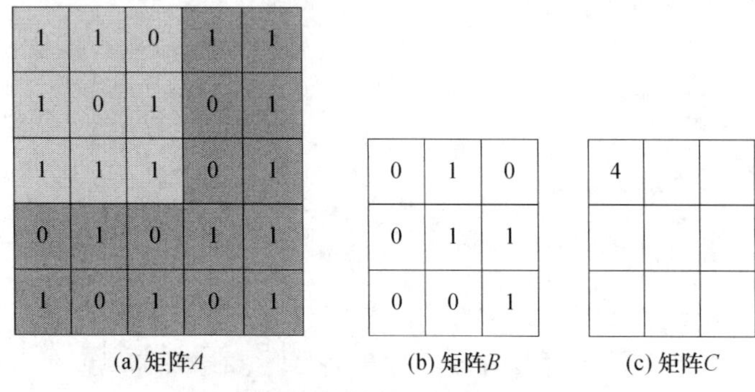

图 10-3　单通道卷积过程

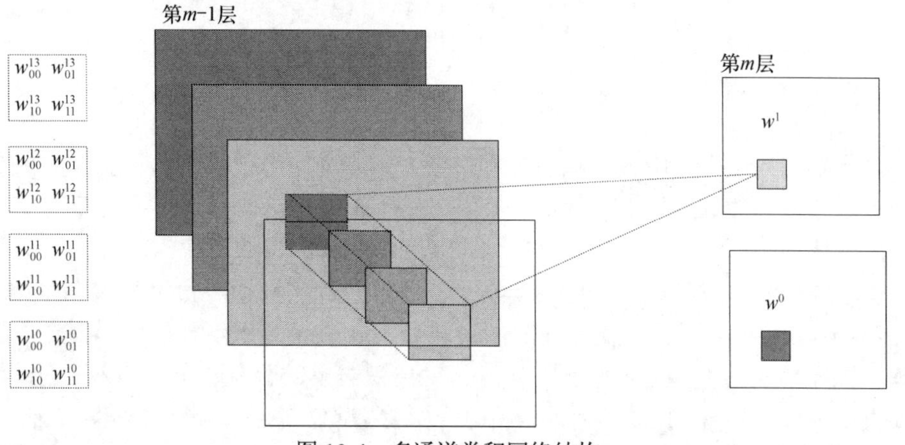

图 10-4　多通道卷积网络结构

设输入图像尺寸为 $W_i \times H_i$，过滤器尺寸为 $w \times h$，滑动步长为 s，则输出图像尺寸 W_0 和 H_0 的计算公式如下：

$$W_0 \times H_0 = [(W_i - w) / s + 1] \times [(H_i - h) / s + 1] \tag{10-2}$$

2）池化操作

从 CNN 的大致架构可以看出，在卷积层之间经常加上一个池化层。池化层主要是对卷积层的卷积结果进行采样操作，用来降低维度，进一步减少运算数据量，降低网络训练时间，并保留有用的信息，同时防止数据过拟合。池化层可以很有用地缩小图像矩阵的大小，降低最后全连接层中的参数。池化的策略有最大值区域池化、平均值区域池化、求和区域池化和随机区域池化等。

3）全连接 MLP 操作

全连接 MLP 是一种前向结构的人工神经网络，可以被看作是一个由多个节点层组成的有向图。除输入节点外，每个节点都是一个具有非线性激活函数的神经元，MLP 将输入向量非线性地映射为输出向量，可以实现对线性不可分数据的识别。MLP 可以通过反向传播算法，进行有监督的学习。

10.5　激活函数的选择

在 10.4 节所介绍的卷积操作中，实际上是一种线性的操作，而在机器学习领域中最重要的理论基础之一，就是必须通过一个特征空间的向量使用非线性变换的方式映射到另一个空间中才能实现线性可分。激活函数（activation function）就是在分类中加入非线性因素，提高分类的成功率。

传统的 Sigmoid 函数的优势是其导数的计算非常简单，使得梯度下降算法可以以极低的代价实施。然而 Sigmoid 函数的劣势也同样明显，就是只要当自变量 x 在 0 附近时，函数斜率才比较大，通过梯度调整参数才会有比较好的效果。为了解决激活函数带来的梯度计算问题，一种更有效、更快速的激活函数被引入到神经网络中，那就是线性整流函数（rectified liner unit，ReLU）。其函数形式如下：

$$f(x)=\max(0,x) \tag{10-3}$$

ReLU 函数图像如图 10-5 所示。

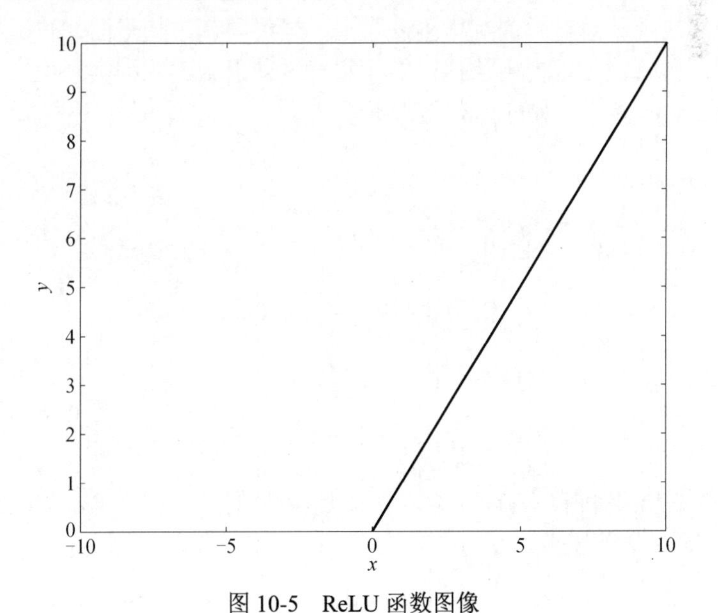

图 10-5　ReLU 函数图像

从 ReLU 函数的图像可以得到，ReLU 的取值范围是[0, ∞]，有更大的映射空间。ReLU 函数的导数也相对简单，如式（10-4）所示：

$$f'(x)=\begin{cases}0 & x<0\\ x & x\geqslant 0\end{cases} \tag{10-4}$$

当 x 取值为负数时，相当于直接封闭了节点。而当 $x>0$ 时，由于导数始终是 1，就完全避免梯度消失的问题，保证参数能够持续收敛，并且使用 ReLU 函数作为激活函数，其收敛速度要比使用 tanh 函数快很多。分类效果好、收敛速度快、计算速度快，这些优势使得 ReLU 函数成为 CNN 模型首选必备的激活函数。

10.6　分类算法的选择

1）逻辑回归

逻辑回归算法是一种被广泛使用的分类算法，由于算法的复杂度低、容易实现等特点，被广泛应用于检测垃圾邮件、检测是否为恶性肿瘤等二分类问题。

逻辑回归模型是广义线性模型中的一种，属于线性的分类模型，对于线性可分的问题，需要找到一条直线，能够将两个不同的类别区分开，这条直线被称为超平面，可以用式（10-5）所示的线性函数表示：

$$Wx+b=0 \tag{10-5}$$

式中，W 为权重；b 为偏置。若在多维的情况下，权重 W 和偏置 b 均为向量。在逻辑回归算法中，通过对训练样本的学习，最终得到该超平面，将数据分成正负两个类别。此时，可以使用阈值函数，将样本映射到不同的类别中，常见的阈值函数有 Sigmoid 函数，如式（10-6）所示：

$$f(x)=\frac{1}{1+e^{-x}} \tag{10-6}$$

对式（10-6）进行求导可得

$$f'(x)=\frac{e^{-x}}{(1+e^{-x})}=f(x)[1-f(x)] \tag{10-7}$$

对于输入向量 X，其属于正例的概率可表示为

$$P(y=1|X,W,b)=\sigma(Wx+b)=\frac{1}{1+e^{-(WX+b)}} \tag{10-8}$$

式中，$X\in R$ 是输入的样本特征；$Y\in\{0,1\}$ 是模型的输出概率；σ 表示 Sigmoid 函数；W 为权重系数；b 为偏置。那么，对于输入向量 X，其属于负例的概率可表示为

$$P(y=0|X,W,b)=1-P(y=1|X,W,b)=1-\sigma(Wx+b)=\frac{e^{-(WX+b)}}{1+e^{-(WX+b)}} \tag{10-9}$$

在逻辑回归算法中，样本属于类别 y 的概率可表示为

$$P(y \mid X, W, b) = \sigma(WX + b)^{y}[1 - \sigma(WX + b)]^{1-y} \tag{10-10}$$

为求式（10-10）中的参数 W 和 b，可以使用极大似然估计法对其进行估量。假设训练数据集有 m 个训练样本 $\{(X^{(1)}, y^{(1)}), (X^{(2)}, y^{(2)}), \cdots, (X^{(m)}, y^{(m)})\}$，则其似然函数可表示为

$$L_{W,b} = \prod_{i=1}^{m} \left\{ h_{W,b}(X^{(i)})^{y^{(i)}} [1 - h_{W,b}(X^{(i)})]^{1-y^{(i)}} \right\} \tag{10-11}$$

式中，假设函数 $h_{W,b}(X^{(i)})$ 表示为

$$h_{W,b}(X^{(i)}) = \sigma(WX^{(i)} + b) \tag{10-12}$$

对于似然函数极大值的求解，通常使用 log 似然函数，在逻辑回归算法中，通常将负的 log 似然函数作为其损失函数并计算其极小值。损失函数 $l_{W,b}$ 可表示为

$$l_{W,b} = -\frac{1}{m}\ln L_{W,b} = -\frac{1}{m}\sum_{i=1}^{m}\left\{ y^{(i)}\ln[h_{W,b}(X^{(i)})] + (1 - y^{(i)})\ln[1 - h_{W,b}(X^{(i)})] \right\} \tag{10-13}$$

可以通过使用梯度下降法求得损失函数的最小值。梯度下降法是一种迭代型的优化算法，对于优化 $\min f(w)$，梯度下降法的具体计算过程如下。

（1）随机选择一个初始点 w_0。

（2）决定梯度下降的方向：$d_i = -\dfrac{\partial f(w)}{\partial w_i}$；选择步长 α；更新：$w_{i+1} = w_i + \alpha \cdot d_i$，重复以上过程。

（3）直到满足终止条件。

2）Softmax 回归

Softmax 回归模型是在 Logistic 算法的基础上扩展而来的，它的用途是为了解决多分类问题。在 Logistic 算法中，训练的样本集是由 n 个有标签的样本组成：$\{(X^{(1)}, y^{(1)}), (X^{(2)}, y^{(2)}), \cdots, (X^{(m)}, y^{(m)})\}$，其中 $x^{(i)} \in R^{n+1}$，x 的维度为 $n+1$，$x_0 = 1$ 为截距项。Logistic 算法是为了解决二分类问题，因此一般标签设成 $y^{(i)} \in \{0,1\}$。假设函数如下：

$$h_{\theta}(x) = \frac{1}{1 + \exp(-\theta^{\mathrm{T}} x)} \tag{10-14}$$

通过优化训练模型参数，可以使代价函数式（10-15）达到最小值：

$$J(\theta) = -\frac{1}{m}\left[\sum_{i=1}^{m} y^{(i)} \ln h_{\theta}(x^{(i)}) + (1 - y^{(i)}) \ln(1 - h_{\theta}(x^{(i)}) \right] \tag{10-15}$$

Softmax 回归模型是为了解决多分类问题而设计的，类标 y 可以取 k 个不同的值（$k>2$）。因此，对于训练集 $\{(X^{(1)},y^{(1)}),(X^{(2)},y^{(2)}),\cdots,(X^{(m)},y^{(m)})\}$，有 $y^{(i)}\in\{1,2,\cdots,k\}$。

训练样本 x 对每个类别 j 的概率值为 $p(y=j\,|\,x)$。设函数的输出向量用 k 维的向量来表示这 k 个估计概率值，那么假设函数 $h_\theta(x)$ 可表示为

$$h_\theta(x^{(i)})=\begin{bmatrix}p(y^{(i)}=1\,|\,x^{(i)};\theta)\\p(y^{(i)}=2\,|\,x^{(i)};\theta)\\\vdots\\p(y^{(i)}=k\,|\,x^{(i)};\theta)\end{bmatrix}=\frac{1}{\sum_{j=1}^{k}\mathrm{e}^{\theta_j^{\mathrm{T}}x^{(i)}}}\begin{bmatrix}\mathrm{e}^{\theta_1^{\mathrm{T}}x^{(i)}}\\\mathrm{e}^{\theta_2^{\mathrm{T}}x^{(i)}}\\\vdots\\\mathrm{e}^{\theta_k^{\mathrm{T}}x^{(i)}}\end{bmatrix}\qquad(10\text{-}16)$$

式中，$\theta_1,\theta_2,\cdots,\theta_k\in R^{n+1}$ 为模型参数。$\dfrac{1}{\sum_{j=1}^{k}\mathrm{e}^{\theta_j^{\mathrm{T}}}x^{(i)}}$ 为方便归一化处理，使所有的概率之和为 1。

模型参数用 θ 表示，在 Softmax 回归实现中，用 1 个 $k\times(n+1)$ 的矩阵来表示 θ，这个矩阵是将 $\theta_1,\theta_2,\cdots,\theta_k$ 按行排列得到，公式如下：

$$\theta=\begin{bmatrix}\theta_1^{\mathrm{T}}\\\theta_2^{\mathrm{T}}\\\vdots\\\theta_k^{\mathrm{T}}\end{bmatrix}\qquad(10\text{-}17)$$

为了研究 Softmax 回归，对代价函数进行简化处理。则定义为 f\{函数值为真\}=1，f\{函数值为假\}=0。代价函数可表示为

$$J(\theta)=-\frac{1}{m}\left[\sum_{i=1}^{m}\sum_{j=1}^{k}1\{y^{(i)}=j\}\ln\frac{\mathrm{e}^{\theta_j^{\mathrm{T}}x^{(i)}}}{\sum_{l=1}^{k}\theta_l^{\mathrm{T}}x^{(i)}}\right]\qquad(10\text{-}18)$$

Logistic 回归代价函数可以以同样的方式表示为

$$J(\theta)=-\frac{1}{m}\left[\sum_{i=1}^{m}\sum_{j=1}^{k}1\{y^{(i)}=j\}\ln p(y^{(i)}=j\,|\,x^{(i)};\theta\right]\qquad(10\text{-}19)$$

对于代价函数最小化的解决处理，一般使用梯度下降法进行优化。对代价函数求导后，代价函数的梯度公式如下：

$$\nabla_{\theta_j}J(\theta)=-\frac{1}{m}\sum_{i=1}^{m}[x^{(i)}(1\{y^{(i)}=j\}-p(y^{(i)}=j\,|\,x^{(i)};\theta))]\qquad(10\text{-}20)$$

在实际应用中，为了防止数据的过拟合，一般会在代价函数后面加上一个正

则化项。回归代价函数公式将变为

$$J(\theta)=-\frac{1}{m}\left[\sum_{i=1}^{m}\sum_{j=0}^{1}1\{y^{(i)}=j\}\ln p(y^{(i)}=j\mid x^{(i)};\theta)\right] \tag{10-21}$$

增加了第二项正则化后，代价函数 $J(\theta)$成为一个凸函数。为了对代价函数进行优化，需计算 $J(\theta)$的导数，公式如下：

$$J(\theta)=-\frac{1}{m}\left[\sum_{i=1}^{m}\sum_{j=0}^{1}1\{y^{(i)}=j\}\ln p(y^{(i)}=j\mid x^{(i)};\theta)\right]+\frac{\lambda}{2}\sum_{i=1}^{m}\sum_{j=0}^{n}\theta_{ij}^{2} \tag{10-22}$$

对代价公式 $J(\theta)$最小值化，即可实现 Softmax 回归分类。由于本章在 10.7 节的实验中加入了噪声样本，不仅要区分缺陷的种类，同时要区分噪声样本，属于多分类的情况，故采用 Softmax 函数进行缺陷样本的分类。

10.7　基于卷积神经网络的 X 射线缺陷识别

1. 样本选择

利用深度学习模型对 X 射线焊缝缺陷进行识别，从数据库中选取的 SDR 图像样本可分为圆形缺陷 SDR、线形缺陷 SDR 和噪声，如图 10-6 所示。

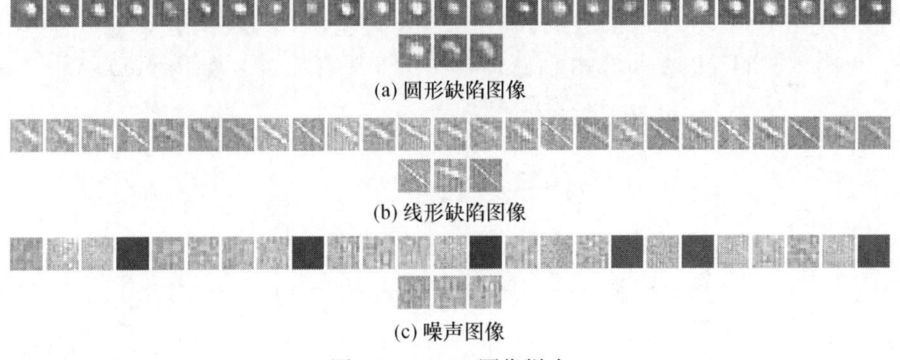

(a) 圆形缺陷图像

(b) 线形缺陷图像

(c) 噪声图像

图 10-6　SDR 图像样本

从图 10-6 中可以发现，圆形缺陷边缘为具有一定曲率的曲线；线形缺陷边缘是斜率为 125°～145°的直线；噪声是分布得杂乱无章的横向或竖向的短线段。缺陷和噪声的图像特征可以用特征值定量描述，如缺陷大小、位置 $G1$、长短轴之比 $G2$、短轴和缺陷面积之比 $G3$、缺陷面积和外切矩形面积之比 $G4$、圆形度 $G5$、矩形度 $G6$ 和海伍德直径 $G7$ 等。但对图 10-6 所示的微小图像求取特征值显然十分困难，基于深度学习的缺陷类型识别的方法，不需要事先对图像特征值进行提取，图像可以直接作为输入，利用卷积神经网络计算得到的矩阵实际蕴含了缺陷的特征，与图像特征值的提取具有一致性。

2. 激活函数与损失函数

通过激活函数和损失函数对 CNN 模型结构进行优化，可以提高训练的准确率。X 射线焊缝缺陷识别所用 CNN 结构的损失函数选用交叉熵代价函数，公式如下：

$$C=-\frac{1}{n}\sum_{x}\left[y\ln a+(1-y)\ln(1-a)\right] \tag{10-23}$$

式中，C 为目标函数；x 为样本；y 为实际值；a 为输出值；n 为样本的总数。

常用的激活函数有 Sigmoid 函数、tanh 函数和 ReLU 等。ReLU 的定义如式（10-3）所示。Sigmoid 函数是一个非线性函数，值域是 (0,1)，其定义如下：

$$f(x)=\frac{1}{1+\mathrm{e}^{-x}} \tag{10-24}$$

通过对比 ReLU 和 Sigmoid 函数，可以发现 ReLU 能够使一部分神经元的输出为 0，增加了网络的稀疏性，极大地加快收敛速度，提高了算法的性能，避免了梯度消失的现象，因此更适用于 CNN 神经网络结构。

分别用 ReLU 和 Sigmoid 函数构造 CNN 模型，对缺陷 SDR 图像进行分类试验，分类试验的准确率折线图如图 10-7 所示，其中点划线为 Sigmoid 函数分类准确率曲线，实线为 ReLU 分类准确率曲线。

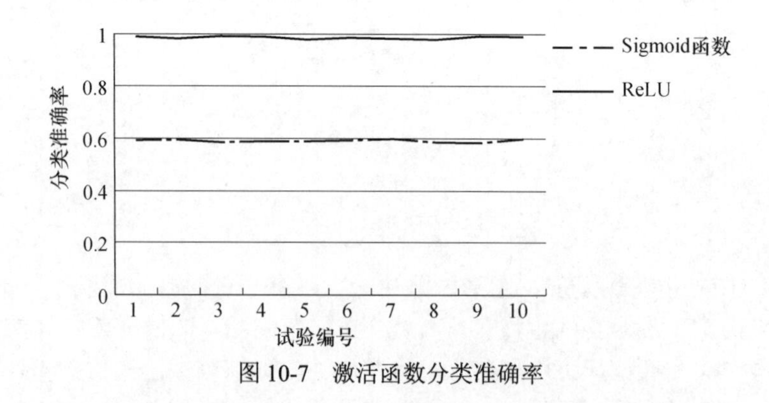

图 10-7　激活函数分类准确率

通过试验证明，隐藏层的激活函数中，ReLU 的分类准确率远远高于 Sigmoid 函数的分类准确率，因此本章设计的 CNN 模型结构选用 ReLU 作为激活函数。

3. X 射线图像神经网络模型

CNN 模型中，卷积层的层数要根据训练数据、激活函数、梯度更新算法等因素确定，根据已定的网络参数，需要考虑训练数据对卷积层数的影响。由于缺陷 SDR 图像的差异较大，易于分辨，因此网络结构不需要太过复杂。缺陷及噪声 SDR 图像的特征值中，长短轴之比 G2、短轴和缺陷面积之比 G3、圆形度 G5 和矩形度 G6 这 4 个值的差异较大，因此卷积层设定为 4 层。经过多次训练可以发现 4 层的 CNN 模型性能最佳。

本节设计的 CNN 结构共有 19 层，即有 1 个输入层、4 级卷积、2 个全连接层和 1 个输出层，如图 10-8 所示。SDR 图像作为 CNN 的输入，经过 4 级卷积和池化操作后，图像的深层抽象特征被提取，然后将这些特征矩阵拉平为一维向量，再进入全连接层，由全连接层完成分类任务，最后经过输出层，从而得到分类结果。

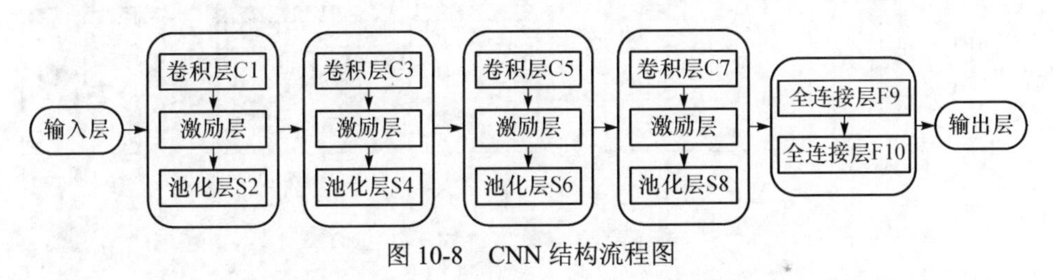

图 10-8　CNN 结构流程图

卷积核的大小可以选择 3×3、5×5 和 7×7，卷积核的深度逐层按 16 的倍数倍增。不同尺寸卷积核模型的训练结果如图 10-9 所示。

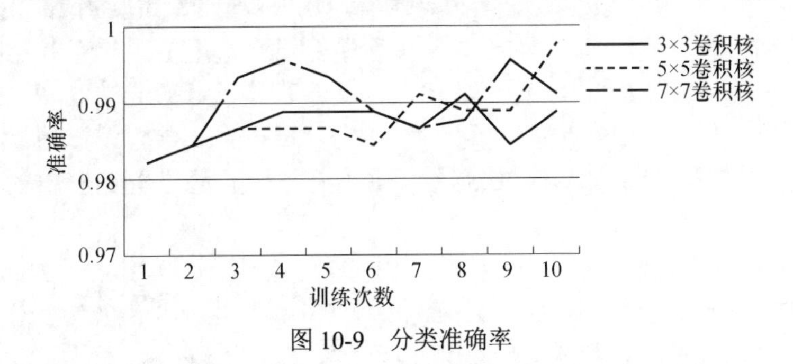

图 10-9　分类准确率

卷积核卷积的过程就是对图片进行边缘检测的过程，因此要根据 SDR 图片的面积，选择合适的卷积核大小。卷积核尺寸较小，极微小的特征也会被提取，但是容易造成过拟合；卷积核尺寸较大，会造成特征提取不足，这些都会导致对缺陷类型的误判。由于卷积层数及卷积核的深度已经足够提取缺陷 SDR 图像的特征，因此卷积核应选择尺寸较小的，这样可以降低每次运算的复杂度。对于本书设计的4层CNN模型，可以选用3×3和5×5的卷积核，在卷积核深度较低时选用5×5的卷积核，深度较高时选用3×3的卷积核，这样既降低了网络的复杂度，减少了运算时间，同时又能够充分提取图像特征，提高分类准确率。

卷积神经网络的具体结构如图10-10所示，其中C1、C3、C5、C7为卷积层，S2、S4、S6、S8为池化层，F9、F10为全连接层，OUTPUT层加于全连接层之后，提高网络的泛化性，减少过拟合和欠拟合的程度，保存模型最好的预测效率。

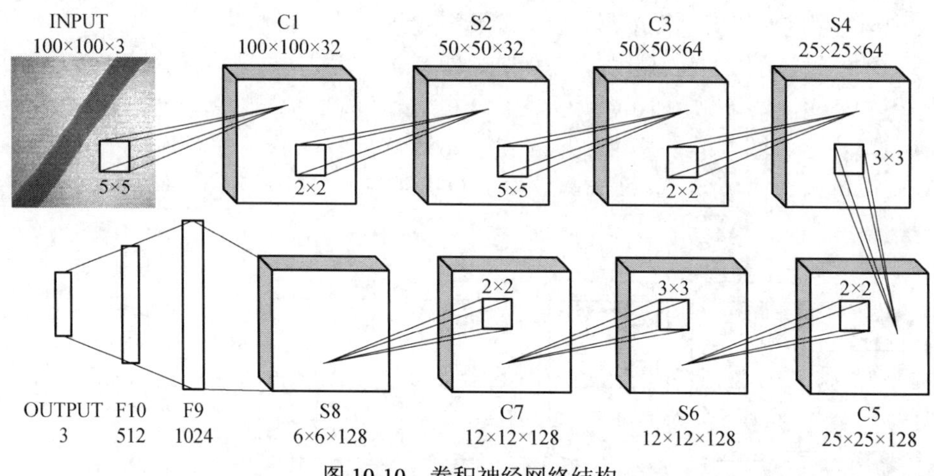

图10-10　卷积神经网络结构

C1的卷积核尺寸设定为5×5，深度为32层；C3的卷积核尺寸设定为5×5，深度为64层；C5和C7的卷积核尺寸设定为3×3，深度为128层。C1、C3、C5和C7的卷积核的初始权重设置为满足均值为0，标准差为0.1的截断正态分布的随机数，卷积核的移动步长均设为1，且卷积层均选用ReLU对其结果完成去线性化。S2、S4、S6和S8均为池化层，其卷积核尺寸设定为2×2，移动步长为2。全连接层F9的节点数设置为1024个，F10的节点数设置为512个，因SDR图像的类别有圆形缺陷、线形缺陷和噪声3类，故设置输出层的节点个数为3。

CNN模型的卷积层在卷积运算过程中，全部采取了补零操作，因此经过卷积层后，输入样本的长和宽不变，只有深度增加；池化层不采取补零操作，因此经过池化层后，样本的长和宽均减小，而深度不变。

4. CNN训练与预测

CNN的训练过程主要是学习卷积核参数和层间连接权重等网络参数，利用链式求导计算损失函数对每个权重的偏导数（梯度），然后根据梯度下降公式更新权重。训练算法依然是反向传播算法，整个算法分为四个步骤。

（1）前向计算每个神经元的输出值。

（2）反向计算每个神经元的误差项，也叫敏感度（sensitivity）。它实际上是网络的损失函数对神经元加权输入的偏导数。

（3）计算每个神经元连接权重的梯度。

（4）根据梯度下降法更新每个权重即可。

CNN 的预测过程主要是基于输入图像和网络参数计算类别标签。

本书 CNN 模型的训练与预测是使用 Python 语言，在 Google 开源的 TensorFlow 深度学习框架下进行，具体方案如图 10-11 所示。

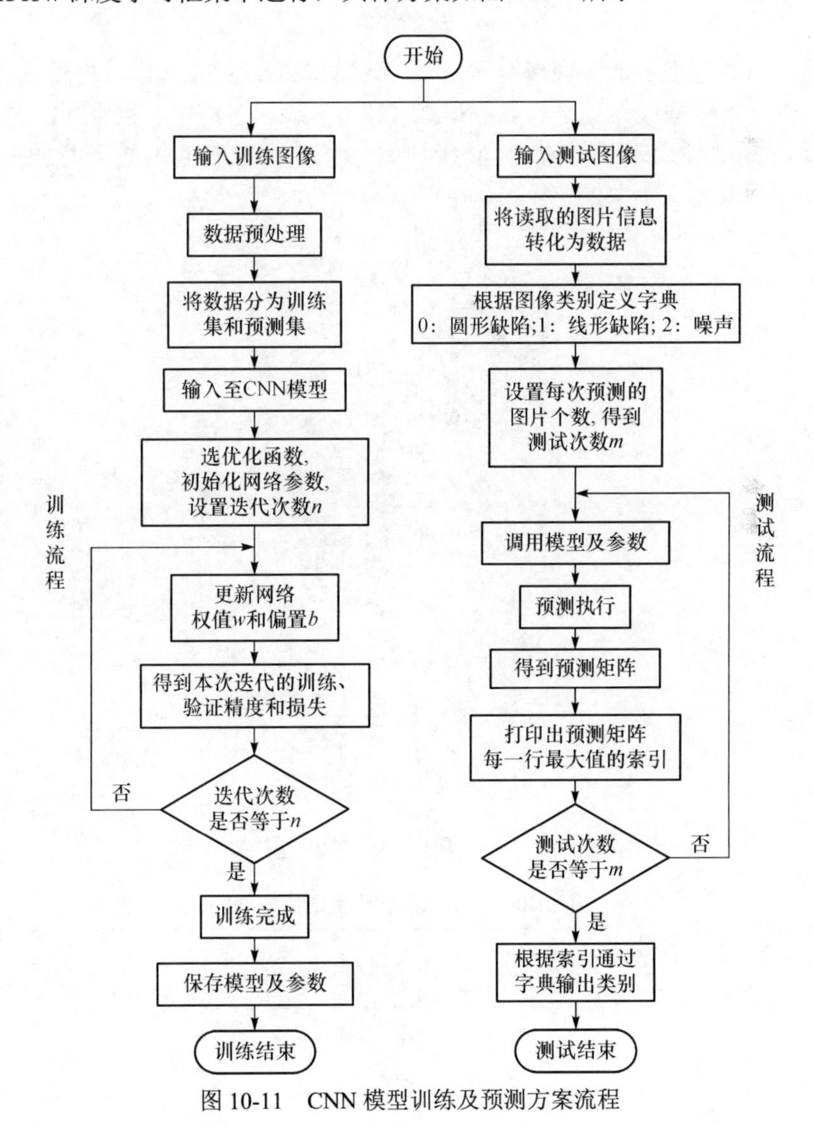

图 10-11　CNN 模型训练及预测方案流程

卷积神经网络模型的预测样本数量为训练样本的 20%。在 CNN 模型的训练中，正则化（regularizer）参数设置为 0.0001，整体学习率（α）设置为 0.001，迭代步长（batch size）定为 64，在进行 20 次训练后，模型的准确率提高幅度几乎为零，因此迭代次数（epoch）设置为 20。优化器采用自适应矩估计（adaptive moment estimation, Adam）算法，Adam 算法也是基于梯度下降的方法，但是每次迭代参数的学习步长都有一个确定的范围，不会由于很大的梯度导致很大的学习步长，参数的值比较稳定。

5. 实验分析

本书首先选取 580 张圆形缺陷、线形缺陷和噪声的 SDR 图像构成试验样本，对设计的 CNN 模型结构进行训练和测试试验。试验过程中可以看到，迭代步数在 5 步左右时，训练准确率就已经达到 90%以上，训练速度快，分类效果好，SDR 图像识别结果如图 10-12 所示。

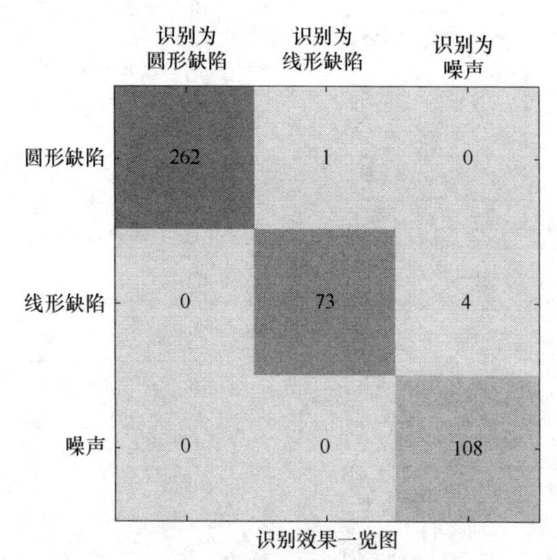

图 10-12　SDR 图像识别结果

根据图 10-12 可以得到 SDR 图像识别的混淆矩阵，如表 10-1 所示。

表 10-1　SDR 图像识别混淆矩阵

识别效果 / 缺陷类型	识别为缺陷	识别为噪声
缺陷	335(TP)	4(FN)
噪声	0(FP)	108(TN)

利用 TensorFlow 中的可视化组件 TensorBoard，可以查看训练和验证过程中准确率（accuracy）和损失值（loss）的变化，试验过程的准确率变化曲线图和损失值曲线图如图 10-13 和图 10-14 所示。由图可知，测试准确率曲线高于训练准确率曲线，而测试损失值低于训练损失值。

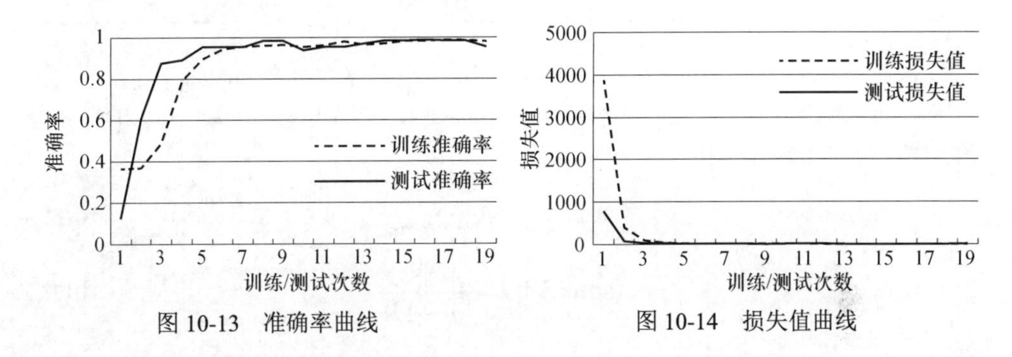

图 10-13　准确率曲线　　图 10-14　损失值曲线

由图 10-13 可知，随着迭代次数的增加，准确率不断地增高并趋于稳定，并且测试准确率曲线与训练准确率曲线的趋势基本一致，且越来越接近，说明模型构建过程中没有欠拟合，也没有过拟合，模型效果好。从图 10-14 中可以看出，损失值不断下降且收敛，因此模型工作正常，并且损失值越小，模型越优。

为了进一步验证卷积神经网络对 X 射线焊缝缺陷图像的分类能力，将数据库中的圆形缺陷、线形缺陷和噪声的 SDR 图片按 580 张为一组编组，每一组均作为样本进行试验，试验结果如表 10-2 所示。

表 10-2　更换样本模板试验结果

试验编号	训练集		验证集	
	损失值	准确率	损失值	准确率
1	2.940071	0.988839	6.298004	0.968750
2	3.284623	0.982143	7.006881	0.984375
3	1.790114	0.991071	7.874317	0.968750
4	3.403730	0.988839	1.155796	1.000000
5	3.080518	0.988839	3.406974	0.984375

从表 10-2 中可以发现，训练集的损失值很小，准确率很高，验证集的准确率与训练集相差不大，说明卷积神经网络结构稳定。

为进一步验证卷积神经网络识别 X 射线焊缝图像的效果，改变 CNN 模型输入的样本图像类型，即选用焊缝缺陷的原始图片作为输入，得到的混淆矩阵如表 10-3 所示。

表 10-3　原始图片识别混淆矩阵

数据类型 \ 识别效果	识别为缺陷	识别为噪声
缺陷	170(TP)	18(FN)
噪声	22(FP)	174(TN)

根据表 10-1 和表 10-3 所示的混淆矩阵，再根据敏感度（sensitivity）和特异度（specificity）的公式（10-25）和公式（10-26），可以得到表 10-4 所示的样本敏感度和特异度的对比矩阵。

$$\text{sensitivity} = \frac{\text{TP}}{\text{TP} + \text{FN}} \tag{10-25}$$

$$\text{specificity} = \frac{\text{TN}}{\text{FP} + \text{TN}} \tag{10-26}$$

表 10-4　样本敏感度和特异度　　（单位：%）

图像类型 \ 识别效果	敏感度	特异度
SDR 图像	98.8	100
原始图像	90.4	88.8

通过表 10-4 可以明显看出，SDR 图像的敏感度和特异度高于原始图像，因此更适合作为本书 CNN 网络结构的输入样本。分别对两种类型的图像样本进一步进行编组，并分组进行试验，识别准确率对比如图 10-15 所示。

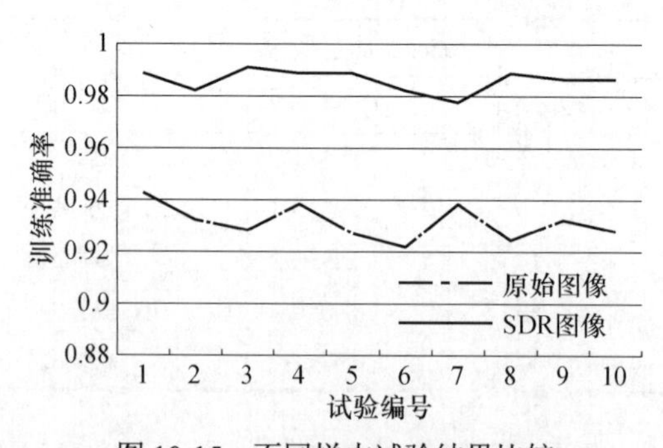

图 10-15　不同样本试验结果比较

可以发现本节设计的 CNN 模型对焊缝缺陷原始图像的平均识别率可以达到 93.4%，而对 SDR 图像的平均识别率高达 98.8%。原始图像的识别率低于基于 SDR 图像的识别率，说明原始焊缝图像的缺陷特征不明显，而且干扰较多，更加证明了图 10-10 所示的 CNN 模型具有优异的缺陷特征识别性能。

10.8　本 章 小 结

（1）本章在介绍卷积神经网络的基础上，确定了 6 级 10 层的卷积神经网络对识别焊缝缺陷极为有效。X 射线焊缝图像缺陷识别的卷积神经网络包括输入层、输出层、4 级卷积和 2 个全连接层。卷积层中的卷积核大小根据深度应设定为 5×5 和 3×3，移动步长应为 1；池化层中的卷积核大小为 2×2，移动步长应为 2。

（2）针对 X 射线焊缝图像缺陷识别问题，卷积神经网络采用 ReLU 时，分类准确率达到 98.8%，高于 Sigmoid 激活函数。

（3）对焊缝缺陷原始图像和 SDR 图像的试验表明，SDR 图像的敏感度和特异度都在 98%以上，原始图像的敏感度和特异度在 90%左右，因此 SDR 图像更适合作为 CNN 网络结构的输入。

（4）识别试验表明，迭代次数在 5 步左右时，训练准确率可达到 90%以上；迭代次数在 20 步以上时，图像识别率趋于稳定。本书所设计的 CNN 网络结构具有训练速度快、分类效果好的特点。

参 考 文 献

[1] DAVIES J, CAWLEY P. The application of synthetic focusing for imaging crack-like defects in pipelines using guided waves[J]. IEEE Transactions on Ultrasonics, Ferroelectrics and Frequency Control, 2009, 56(4): 759-771.

[2] Sensor Systems and NDE Technology Department, Applied Physics Division, Southwest Research Institute. Demonstration of Pulsed X-ray Machine Radiography as an Alternative to Industry Radiography Cameras, Demonstration Pilot Project[R]. San Antonio: Southwest Research Institute, 2006.

[3] MIRAPEIX J, COBO A, FUENTES J. Use of the plasma spectrum RMS signal for arc-welding diagnostics[J]. Sensors, 2009, 9(7): 5263-5276.

[4] SILVA R D, MERY D. State-of-the-art of weld seam inspection by radiographic testing: part Ⅰ - image processing[EB/OL]. [2017-01-06]. www.ndt. net/artical/V12n09/mery1.pdf.

[5] SILVA R D, MERY D. State-of-the-art of weld seam radiographic testing: Part Ⅱ - Pattern Recogintion[EB/OL]. [2017-01-06]. www.ndt.net/artical/V12n09/mery2. pdf.

[6] 张晓光, 林家骏. X 射线检测焊缝的图像处理与缺陷识别[J]. 华东理工大学学报, 2004, 30(2): 199-202.

[7] DU D, CAI G R, TIAN Y, et al. Automatic inspection of weld defects with X-Ray real-time imaging[J]. Robotic Welding, Intelligence and Automation, 2007, 362: 359-66.

[8] 陆系群, 陈纯. 图像处理原理、技术与算法[M]. 杭州：浙江大学出版社, 2001.

[9] TRIDI M, BELAIFA S, NACEREDDINE N. Weld defect classification using EM algorithm for Gaussian mixture model[C]. SETIT 2005 3rd International Conference: Sciences of Electronic, Technologies of Information and Telecommunications, Tunis Tunisia, 2005.

[10] WANG X. On the gradient inverse weighted filter[J]. IEEE Transactions on Signal Processing, 1992, 40(2): 482-484.

[11] 余农, 李予蜀, 王润生. 自动检测图像目标的形态滤波遗传算法[J]. 计算机学报, 2001, 24(4): 337-346.

[12] PONOMARENKO N, FEVRALEV D,ROENKO A. Edge detection and filtering of images corrupted by nonstationary noise using robust statistics[C]. Experience of Designing and Application of CAD Systems in Microelectronics - Proceedings of the 10th International Conference, Lviv Ukraine, 2009: 129-136.

[13] NACEREDDINE N, ZELMAT M, BELAIFA S, et al. Weld defect detection in industrial radiography based digital image processing[J]. International Journal of Computer and Information Engineering, 2007, 1(2):433-436.

[14] ALGHALANDIS S M, ALAMDARI N G. Welding defect pattern recognition in radiographic images of gas pipelines using adaptive feature extraction method and neural network classifier[C]. 23rd World Gas Conference, Amsterdam Netherlands, 2006: 1-13.

[15] RAFAEL C A, GONZALEZ, RICHARD E W. Digital Image Processing[M]. 2nd edition. New Jersey: Prentice Hall, 2002.

[16] YANG H Y, LEE Y C, FAN Y C, et al. A novel algorithm of local contrast enhancement for medical image[C]. Nuclear Science Symposium Conference Record, Honolulu HI USA, 2007, 5: 3951-3954.

[17] IBRAHIM H, KONG N S P. Brightness preserving dynamic histogram equalization for image contrast enhancement[J]. IEEE Transactions Consumer Electronics, 2007, 53(4): 1752-1758.

[18] SIM K S, TSO C P, TAN Y Y. Recursive sub-image histogram equalization applied to gray scale images[J]. Pattern Recognition Letters, 2007, 28(10): 1209-1221.

[19] WANG C, YE Z. Brightness preserving histogram equalization with maximum entropy: a variational perspective[J]. IEEE Transactions on Consumer Electronics, 2005, 51(4): 1326-1334.

[20] WONGSRITONG K, KITTAYARUASIRIWAT K, CHEEVASUVIT F, et al. Contrast enhancement using multipeak histogram equalization with brightness preserving[C]. 1998 IEEE Asia-Pacific Conference on Circuits and Systems, Chiang Mai Thailand, 1998: 455-458.

[21] 孙忠诚, 李鹤岐, 陶维道. 焊缝 X 射线实时探伤数字图像处理方法研究[J]. 无损检测, 1992, 14(2): 37-40.

[22] LASHKIA V. Defect detection in X-ray images using fuzzy reasoning[J]. Image and Vision Computing, 2001, 19(5): 261-269.

[23] CARRASCO M A, MERY D. Segmentation of welding defects using a robust algorithm[J]. Materials Evaluation, 2004, 62(11): 1142-1147.

[24] WANG Y, SUN Y, LV P, et al. Detection of line weld defects based on multiple thresholds and support vector machine[J]. NDT&E International, 2008, 41(7): 517-524.

[25] MAHMOUDI A, REGRAGUI F. A fast segmentation method for defects detection in radiographic images of welds[C]. 2009 IEEE/ACS International Conference on Computer Systems and Applications, Rabat, Morocco, 2009: 857-860.

[26] ZHAO X Y, HE Z X, ZHANG S Y. Defect detection of castings in radiography images using a robust statistical feature [J]. Journal of the Optical Society of America, 2014,31(1): 196-205.

[27] SHAO J X, DU D, ZHU X J, et al. Weld slim line defects extraction based on adaptive local threshold and modified hough transform[C]. Proceedings of the 2009 2nd International Congress on Image and Signal Processing (CISP), Beijing, China, 2009: 1-5.

[28] HERNANDEZ S, SAEZ D, MERY D. Neuro-fuzzy method for automated defect detection in aluminium castings[J]. Lecture Notes in Computer Science, 2004, 3212: 826-833.

[29] PENG J J. A method for recognition of defects in welding lines[C]. Proceedings of the 2009 International Conference on Artificial Intelligence and Computational Intelligence (AICI 2009), Shanghai, China, 2009, 2:366-369.

[30] VALAVANIS I, KOSMOPOULOS D. Multiclass defect detection and classification in weld radiographic images using geometric and texture features[J]. Expert Systems with Applications, 2010, 37(12):7606-7614.

[31] KAFTANDJIAN V, YUE M Z, DUPUIS O, et al. The combined use of the evidence theory and fuzzy logic for improving multimodal nondestructive testing systems[J]. IEEE Transactions on Instrumentation and Measurement, 2005, 54(5): 1968-1977.

[32] TRIDI M, NACEREDDINE N, OUCIEF N. Contour estimation in synthetic and real weld defect images based on maximum likelihood[J]. Transactions on Enformatika, Systems Sciences and Engineering, 2005, 9:195-198.

[33] LECOMTE G, KAFTANDJIAN V, CENDRE E, et al. A robust segmentation approach based on analysis of features for defect detection in X-ray images of aluminium castings[J]. Insight - Non-Destructive Testing and Condition Monitoring, 2007, 49(10): 572-577.

[34] MERY D, FILBERTI D. Automated flaw detection in aluminum castings based on the tracking of potential defects in a radioscopic image sequence[J]. IEEE Transactions on Robotics and Automation, 2002, 18(6): 890-901.

[35] 张晓光. 射线检测焊接缺陷的提取和自动识别[M]. 北京：国防工业出版社, 2004.

[36] 孙林, 杨世元, 吴德会. X射线底片焊缝缺陷的支持向量机识别方法[J]. 应用科学学报, 2008, 26(4): 418-424.

[37] 孙怡, 孙洪雨, 白鹏, 等. X射线焊缝图像中缺陷的实时检测方法[J]. 焊接学报, 2004, 25(2): 115-118.

[38] 陈明, 马跃洲, 陈光. X射线线阵实时成像焊缝缺陷检测方法[J]. 焊接学报, 2007, 28(6): 81-84.

[39] 王明泉, 柴黎. 改进的分水岭算法在焊接图像中的应用[J]. 焊接学报, 2007, 28(7): 13-16.

[40] 蒋文凤, 赵立宏. 焊缝X射线实时成像图像中缺陷的提取[J]. 南华大学学报（自然科学版）, 2007, 21(1): 98-101.

[41] 高炜欣, 李琳, 穆向阳, 等. 焊缝气孔检测系统的研制[J]. 焊接技术, 2009, 38(5): 37-39.

[42] 侯润石, 邵家鑫, 王力, 等. 焊缝缺陷X射线实时自动检测系统的图像处理[J]. 无损检测, 2009, 31(2): 99-101.

[43] 申清明, 高建民, 李成. 焊缝缺陷的水淹没分割算法[J]. 西安交通大学学报, 2010, 44(3): 90-94.

[44] 田原, 都东, 侯润石, 等. 基于射线图像序列的焊缝缺陷自动检测方法[J]. 清华大学学报(自然科学版), 2007, 47(8): 1278-1281.

[45] 蔡晓龙, 穆向阳, 高炜欣, 等. PCA 和贝叶斯分类技术在焊缝缺陷识别中的应用[J]. 焊接, 2014, (3): 31-35, 70.

[46] 王欣, 高炜欣, 王征, 等. 基于并行计算的PCA在缺陷检测中的应用[J]. 计算机工程与设计, 2016, 37(10): 2810-2815, 2850.

[47] 高炜欣, 胡玉衡, 武晓朦, 等. 埋弧焊 X 射线焊缝缺陷图像分类算法研究[J]. 仪器仪表学报, 2016, 37(3): 518-524.

[48] SHAFEEK H I, GADELMAWLA E S, ABDEL-SHAFY A A, et al. Automatic inspection of gas pipeline welding defects using an expert vision system [J]. NDT and E International, 2004, 37(4): 301-307.

[49] 高顶, 张长明, 李国庆, 等. 基于粗糙-模糊神经网络的焊接图像缺陷识别[J]. 华东理工大学学报(自然科学版), 2006, 32(9): 1126-1129.

[50] 申清明, 高建民, 李成. 焊缝缺陷类型识别方法的研究[J]. 西安交通大学学报, 2010, 44(7): 100-103.

[51] 罗爱民, 沈才洪, 易彬, 等. 基于改进二叉树多分类 SVM 的焊缝缺陷分类方法[J]. 焊接学报, 2010, 31(7): 51-54.

[52] 高岚, 宋庆国, 王艳琼, 等. 基于机器视觉的船舶焊缝缺陷识别研究[J]. 交通科技, 2007, (6): 105-107.

[53] 陈方林, 刘彦. 基于支持向量机的 X 射线焊缝缺陷检测[J]. 机械工程与自动化, 2010, (2): 122-126.

[54] 蔡晓龙, 穆向阳, 高炜欣, 等. 基于PSO-SVM的焊缝缺陷X射线检测[J]. 焊接技术, 2013, 42(10): 57-60, 5.

[55] 武晓朦, 高炜欣, 袁磊, 等. SVMs 在油气管道焊缝缺陷检测中的应用[J]. 西安石油大学学报(自然科学版), 2011, 26(6): 97-101, 12.

[56] 钟映春. 基于决策树的焊缝缺陷类型识别研究[J]. 计算机工程与应用, 2008, 44(20): 226-228.

[57] 高炜欣, 胡玉衡, 武晓朦. 基于压缩传感技术的埋弧焊X射线焊缝图像缺陷检测. 焊接学报. 2015, 36(11): 85-88.

[58] GAO W X, HU Y H.Real-time X-ray radiography for defect detection in submerged arc welding and segmentation using sparse signal representation[J]. Insight, 2014, 56(6): 299-306.

[59] 崔亚楠, 汤楠, 高炜欣, 等. 基于压缩传感的焊管焊缝 X 射线图像处理[J]. 焊接技术, 2011, 40(9): 4-8.

[60] 李勇, 高炜欣, 汤楠, 等. 基于压缩感知的 X 射线螺旋焊管焊缝缺陷检测[J]. 焊接技术, 2013, 40(2): 51-55.

[61] 高炜欣, 汤楠, 李琳, 等. 基于多层Hopfield神经网络的X射线焊缝气泡检测[J]. 机械工程学报, 2007, 43(4): 193-196.

[62] 原培新, 孙岩, 陈波, 等. 图像处理在X射线胶片缺陷识别中的应用[J]. CT理论与应用研究, 2007, 16(1): 49-53.

[63] 杨静, 王明泉, 任少卿, 等. 一种X射线图像缺陷的自动分割方法的实现[J]. 弹箭与制导学报, 2008, 28(2): 233-235.

[64] 任治, 苏真伟, 俞东宝, 等. 一种焊缝X射线数字图像的缺陷提取算法[J]. 无损检测, 2009, 31(2): 89-91.

[65] 高炜欣, 胡玉衡, 穆向阳, 等. 埋弧焊X射线焊缝图像缺陷分割检测技术[J]. 仪器仪表学报, 2011, 32(6): 1215-1224.

[66] 高炜欣, 胡玉衡, 穆向阳, 等. 基于聚类的埋弧焊X射线焊缝图像缺陷分割算法及缺陷模型[J]. 焊接学报, 2012, 33(4): 37-41, 115.

[67] 倪海日, 刘立. 基于FPGA和ARM的焊缝缺陷检测设备设计[J]. 电子测量技术, 2012, 35(11):80-82.

[68] 高炜欣, 穆向阳, 汤楠. 基于图像处理的焊管焊缝气孔检测[J]. 微计算机信息, 2010, 26(2): 33-35.

[69] 查笑春, 高炜欣, 汤楠, 等. 基于X射线图像的长输管道焊缝快速边缘检测方法研究[J]. 石油仪器, 2010, 24(2): 84-86.

[70] 程世东, 汤楠, 高炜欣, 等. 基于Delphi的V系列图像采集卡开发应用[J]. 工业控制计算机, 2008, 21(1): 54-55.

[71] 程世东, 汤楠, 高炜欣, 等. 埋弧焊焊缝跟踪系统数字图像处理方法研究[J]. 焊管, 2008, 31(2): 49-52, 95.

[72] 程世东, 汤楠, 高炜欣, 等. 基于CCD的埋弧焊焊缝跟踪系统数字图像处理方法[J]. 焊接技术, 2008, 37(2): 34-36, 2.

[73] 高炜欣, 汤楠, 穆向阳, 等. 埋弧焊焊缝CCD跟踪系统研制[J]. 焊接, 2007, 4: 53-55, 64.

[74] AIYER S V B, NIRANJAN M, FALLSIDE F. A theoretical investigation into the performance of the Hopfield model[J]. IEEE transactions on Neural Networks, 1990, 1(2): 204-215.

[75] MALLAT S, ZHANG Z. Matching pursuits with time-frequency dictionaries[J]. IEEE Transactions on Signal Processing, 1993, 41(12): 3397-3415.

[76] BARANIUK R G. Compressive sensing[J]. IEEE Signal Processing Magazine, 2007, 24(4): 118-121.

[77] OLSHAUSEN B A, FIELD D J. Emergence of simple-cell receptive field properties by learning a sparse code for natural images[J]. Nature, 1996, 381(6583): 607-609.

[78] 关庆, 邓赵红, 王士同. 改进的模糊*C*-均值聚类算法[J]. 计算机工程与应用, 2011, 10: 27-29, 88.